Géographie et cultures

N° 115, automne 2020

MORTS ANIMALES COMPARÉES
NORMES ET PRATIQUES EN TENSION

sous la direction du

Collectif Animort

L'Harmattan

La revue ***Géographie et cultures*** est publiée quatre fois par an est publié par l'Association Géographie et cultures avec le concours de l'Institut des Sciences Humaines et Sociales du CNRS et des Éditions L'Harmattan. Les cinquante derniers numéros et les trois premiers sont consultables en ligne sur la plateforme OpenEdition : http://journals.openedition.org/gc/

Maquette de la couverture : Emmanuelle Dedenon

Original de mosaïque en bas de la couverture : Gabriela Nascimento

Photographie de la couverture : Atypyk, *Piège à souris ou Mousetrap.*

Revue soutenue par l'Institut des Sciences Humaines et Sociales du CNRS

Revue Géographie et cultures - Centre de Recherche sur l'Habitat – UMR CNRS 7218 Lavue – 3 quai Panhard et Levassor, 75013 Paris – Courriel : gc@openedition.org

Abonnement et achat au numéro : Éditions L'Harmattan, 5-7 rue de l'École polytechnique 75005 Paris France – www.editions-harmattan.fr/

ISSN : 1165-0354

5-7, rue de l'École-Polytechnique ; 75005 Paris

http://www.editions-harmattan.fr

ISBN : 978-2-343-23093-1

EAN : 9782343230931

SOMMAIRE

INTRODUCTION

MORTS ANIMALES COMPARÉES : NORMES ET PRATIQUES EN TENSION

Jean GARDIN
pour le collectif Animort
Jean.Gardin@univ-paris1.fr

Tuer des animaux n'est jamais un acte anodin. L'histoire et l'anthropologie (Brisebarre, 1999 ; Vialles, 1987) nous l'ont appris, en nous montrant qu'il n'existe pas de société où la mise à mort des animaux (MMA) ne soit entourée d'un ensemble de rituels, de règles et de représentations destinés à en conjurer les aspects dangereux : les innombrables prescriptions et proscriptions morales et religieuses sur la question en sont l'illustration. Aujourd'hui souvent déléguée à des sphères professionnelles spécialisées, la MMA fait l'objet de multiples normes juridiques, techniques, sanitaires, scientifiques, institutionnelles qui concourent toujours à en faire un travail singulier (Rémy, 2009). Enfin, de manière croissante dans de nombreuses sociétés, la MMA est au cœur de débats qui mettent en cause la légitimité de tuer les animaux, renvoyant pour certains à des systèmes de pensée pluri-séculaires (à l'exemple de diverses doctrines végétariennes), pour d'autres à des préoccupations plus récentes concernant par exemple le bien-être animal et la protection de l'environnement (Boukala et Givre, 2019).

Depuis les années 1970, et l'avènement de l'éthique animale sous l'impulsion de penseurs comme Peter Singer ou Tom Reagan, cette légitimité à tuer des animaux est l'objet de vives critiques, reprises tant par de nouvelles générations de militants pro-animaux que par des universitaires ayant fait de la condition animale un objet et parfois un combat. Dans le domaine émergent des *animal studies,* la MMA et la souffrance animale en général sont ainsi largement considérées comme intolérables par les chercheurs qui en font partie (Michalon, 2017). Ne pas prendre clairement position sur le sujet est parfois interprété comme le signe d'un spécisme latent et coupable par de nombreux chercheurs en *animal studies* pour qui l'acte même de produire de la connaissance doit témoigner d'une forme d'engagement pro-animal. De ce fait, les chercheurs décrivant la MMA arpentent maintenant un terrain miné (Alberta, 2001) où toute prétention à l'objectivité peut être accusée de camoufler soit le militantisme antispéciste soit l'affiliation souterraine à des industriels de l'abattage ou de la pharmacie. Parfois même, il sera reproché aux chercheurs souhaitant ethnographier la MMA d'être mus par des pulsions voyeuristes ou malsaines. Les rédacteurs du présent texte en savent quelque chose : les accusations que nous venons de citer ont émaillé certaines des évaluations scientifiques du projet de recherche à l'origine du présent numéro, lors de demandes de financement répétées auprès de l'Agence Nationale de la Recherche. D'une certaine façon, nous expérimentons qu'éclairer le problème, c'est toujours le nourrir.

Le présent numéro de *Géographie et Cultures* est une étape dans une démarche de grande ampleur visant à documenter la circulation et l'influence de ces débats contemporains sur les pratiques et les justifications de la mise à mort des animaux dans plusieurs sphères professionnelles (ici, des textes sur les éleveurs de chevaux, tueurs en abattoir, chasseurs de phoques, éleveurs d'animaux de boucherie). Nous entendons ainsi aider à penser quelles normes et quels enjeux de la MMA se fabriquent et circulent aujourd'hui à l'échelle internationale, tout en s'inscrivant dans des contextes sociaux et culturels spécifiques et localisés. Quelles institutions et quels mondes professionnels en sont les principaux prescripteurs, vecteurs et traducteurs, œuvrant à les adapter et les hybrider localement, voire en retour à contribuer à déterminer ces normes ? Comment les évolutions normatives modifient-elles les identités et les pratiques de ces professions ? Un exemple emblématique en est certainement la place de la mort animale dans l'émergence, mais aussi le traitement de crises sanitaires mondialisées, révélant tout à la fois les interdépendances ou les brouillages interspécifiques, et les vulnérabilités sociales, politiques et économiques provoquées par diverses formes d'usage et de circulation des animaux. Les crises de la vache folle, de la tremblante du mouton ou de la fièvre aphteuse ont toutes donné lieu à d'importantes campagnes d'abattage du bétail infecté ou du bétail sain à des fins préventives (Givre, 2016). Depuis, lors de la détection de zoonoses potentiellement transmissibles à l'humain ou d'épizooties affectant massivement les filières animales, l'abattage – ou « dépeuplement » selon la terminologie contemporaine – fait partie des réponses classiques des pouvoirs publics (Barbier, 2006). Cet exemple témoigne de la place qu'occupe la MMA dans les systèmes mondialisés de veille sanitaire, mais aussi de l'impact d'événements déterminants dans la mise en œuvre de normes touchant à la vie comme à la mort des animaux.

Par normes, nous entendons un ensemble de valeurs morales et de représentations faisant consensus et se traduisant par des règles, codes ou lois, déterminant des objets, des pratiques, des lieux spécifiques (Fraser, 2009). Elles s'exercent dans des « régions morales » (Park, 1990) diverses, et peuvent connaître des changements d'échelle, du local au global (Fraser, *ibid.*). Les systèmes de catégorisation des animaux peuvent conduire à rejeter toute forme de mise à mort, fussent-elles l'euthanasie ou l'abattage sanitaire, ou au contraire à des exterminations massives. Le bien-être animal, structuré par des travaux scientifiques sur la sensibilité et la douleur des animaux, est une de ces normes, sans doute une de celles qui tendent le plus à se mondialiser, comme en témoigne le fait que nous retrouvons sa discussion au cœur de quatre des cinq textes présentés ici. La valeur imprescriptible accordée au vivant peut justifier la non-intervention sur les animaux ; inversement, le respect de l'équilibre des écosystèmes peut justifier aussi leur mise à mort. Différents registres normatifs (éthiques, religieux, juridiques, sanitaires, environnementaux, esthétiques, économiques, scientifiques) entrent ainsi en concurrence, ou en combinaison dans la définition des modalités et des justifications de la MMA.

RICHESSE ET CLOISONNEMENT DES TRAVAUX SUR LA MISE À MORT DES ANIMAUX

Les travaux en sciences sociales ont permis de documenter la MMA à travers quatre registres complémentaires :

- Ses dimensions culturelles et symboliques : la chasse (Hell, 1994 ; Dalla Bernardina, 1996), la corrida (Saumade, 1994), l'abattage rituel (Bonte *et al.*, 1999 ; Brisebarre *et al.*, 1998), l'extermination (Blanc, 1998). La MMA est envisagée dans le cadre d'ontologies (Descola, 2005) qui engagent des « liaisons animales » (Bondaz *et al.*, 2015). Loin de relever de structures immuables, ces formes culturelles de la mort animale circulent, se transforment et se confrontent (Franck, Gardin et Givre, 2015, 2016 ; Givre, 2015, 2016 ; Bruckert, 2018).

- Ses aspects techniques, économiques et sociaux : du pastoralisme à l'abattage industriel, la mort animale est appréhendée à l'aune de systèmes au sein desquels s'avèrent centrales les questions de la domesticité (passage à la « production animale », Bulliet, 2005), ou encore de mondes du travail spécifiques (Vialles, 1987 ; Muller, 2008). Les savoirs zootechniques et vétérinaires constituent une dimension de la fabrique normative des animaux, interrogeant les représentations technoscientifiques dominantes (Porcher, 2014), et appelant un examen des relations humains/animaux dans différents espaces de vie et de mort (enquêtes de Rémy, 2009, en abattoirs, cliniques vétérinaires et laboratoires d'expérimentation animale, ou encore dans des refuges de protection animale – Michalon, 2013, 2014).

- Ses enjeux politiques, éthiques et philosophiques : le statut de la violence (Philo, 1995), les notions de coévolution et de « *compagnonnage* » (Haraway, 2008), l'analyse des mobilisations animalistes (Carrié et Traïni, 2019 ; Traïni, 2011) les enjeux alimentaires, sanitaires (traçabilité, épizooties, Givre, 2016). La MMA est analysée sous l'angle de préoccupations morales (Fontenay, 1988 ; Cyrulnik, 1988) et juridiques (Marguenaud *et al.*, 2010), de conflits et de crises sanitaires (Keck, 2010). Sur tous ces plans, le bien-être animal constitue à la fois un point de mire et de débat, tour à tour invoqué comme valeur de référence et critiqué dans ses effets masquants et euphémisants.

- Ses dimensions proprement historiques : la mort animale est un observatoire de mutations au long cours de la « civilisation des mœurs » (Elias, 1973) par la relégation et l'institutionnalisation des abattoirs (Agulhon, 1981 ; Fitzgerald, 2010), par la régulation de la violence sociale et politique via les animaux (Darnton, 1985 ; Grifin, 2011), par la mise en débat des pratiques scientifiques (exemple de la vivisection – Bory, 2013 ; Carrié, 2015).

Il apparaît ainsi que la diversité des pratiques et des modes de justification de la MMA est très largement couverte par la littérature scientifique, ce qui confirme son potentiel heuristique. En revanche, ce bref état de l'art témoigne de la rareté des études permettant de comparer entre eux les pratiques et les justifications[1]. Il apparaît d'autant plus nécessaire de promouvoir une approche comparative des pratiques de MMA que celles-ci se trouvent aujourd'hui singulièrement reconfigurées par la tension entre échelons géographiques mis en réseaux. Pensons pour nous en convaincre, aux exportations de viande bovine certifiée halal depuis l'Inde (dominée par un parti nationaliste-hindou BJP, prônant le végétarisme) vers les pays du golfe Persique.

LIEUX, ESPACES ET TERRITOIRES DE LA MORT ANIMALE

En écho avec les thématiques de la revue *Géographie et cultures*, les problématiques soulevées par la MMA interrogent à nouveaux frais les enjeux sociospatiaux qui relient, croisent et confrontent les mondes humains et animaux. D'une part, la question de la « juste place » (Mauz, 2002) à accorder (selon les acteurs humains) aux animaux ne concerne pas uniquement leur vie, mais également leur fin de vie et leur mort. Aussi diverses que les statuts qui leur sont attribués, les morts des animaux relèvent de caractéristiques spatiales illustrées par les exemples classiques des abattoirs (Fitzgerald, 2010)[2], du sacrifice (Brisebarre, 1998 ; Franck, Gardin et Givre, 2015) ou de la chasse, mais tout aussi présentes dans les lieux « animaliers » tels que les zoos (Estebanez, 2019), les refuges (Michalon, 2014) ou les

---

[1] La recherche de Catherine Rémy (2009), qui compare pratiques d'abattage, d'euthanasie dans une clinique vétérinaire et mise à mort dans un laboratoire d'expérimentation animale, fait figure d'exception et d'inspiration.

[2] Dont la relégation dans les périphéries urbaines accompagne le processus d'industrialisation, de standardisation mais aussi d'invisibilisation de la mort animale, ce que viennent à la fois contester et confirmer les controverses actuelles autour de la publicisation militante (dénonciation par l'image) ou institutionnelle (instauration de la vidéosurveillance) des pratiques d'abattage.

cliniques vétérinaires. La question de la « juste place » des animaux devient alors aussi celle de leur « bonne mort », comme le montrent les débats très actuels autour de la réhabilitation de formes d'abattage « à la ferme » ou au sein des élevages (Porcher, 2014 ; Riegel dans ce numéro).

Il apparaît ainsi que les problématiques entourant la mort animale entretiennent des rapports structurels avec des logiques spatiales et territoriales, dont plusieurs contributions se font ici l'écho (voir présentation du dossier, *infra*)[3]. Ces logiques participent de la construction de statuts différenciés selon les espèces, traçant des formes de cohabitation et de décohabitation particulièrement perceptibles dans les pratiques d'éradication d'espèces jugées indésirables, nuisibles ou dangereuses, notamment au regard d'enjeux de gouvernance urbaine et de santé publique, des « massacres de chiens » historiquement documentés à Mexico (Exbalin, 2015) ou Istanbul (Pinguet, 2008) aux formes de traitement des insectes et des pigeons en ville (Blanc, 2000)[4]. Ces questions évoluent aujourd'hui jusqu'à des interrogations sur les « droits de résidence » des animaux (Donaldson et Kymlicka, 2016), ou encore sur la perspective d'une décohabitation radicale entre humains et animaux dans certaines mouvances veganes et antispécistes (Dubreuil, 2013).

Trois constats émergent des considérations qui précèdent. D'une part, la mort animale implique et construit des pratiques spatiales spécifiques, s'inscrivant fréquemment dans des lieux (et des temps) déterminés, et appelant de ce fait des approches situées. D'autre part, elle participe d'une réflexion plus large sur l'extrême variété des manières selon lesquelles animaux et humains coexistent et se côtoient, font territoire et société : c'est à cette condition qu'il nous semble possible de mieux comprendre ce qui se joue dans la question de la mort animale (y compris sur le plan des conflits moraux ou axiologiques aigus qui l'entourent aujourd'hui). Enfin, il n'en reste pas moins que, de manière globale, une géographie de la MMA resterait à écrire, en particulier dans une perspective comparative attentive à la pluralité, la circulation et la recomposition de modèles, de normes et de valeurs dans différents contextes professionnels et culturels.

---

[3] Pour ne donner qu'un exemple, l'article de Gaëlle Ronsin *et al.* sur la chasse aux phoques va jusqu'à analyser l'impact de l'épaisseur de la banquise ou des frontières des eaux territoriales sur les méthodes et les justifications de la MMA.

[4] Nous pourrions également convoquer ici les opérations de « dépeuplement » régulièrement opérées dans les filières avicoles (pendant l'hiver 2020 dans les élevages de palmipèdes du sud-ouest) pour cause d'épizooties, et dont le nom même relève d'un euphémisme géographique révélateur, ou encore de l'usage consacré du terme d'« espèces invasives » pour qualifier une multitude d'animaux (des ragondins aux perruches), dont le traitement n'est pas sans évoquer un registre sémantique quasiment militaire.

LE PROJET ANIMORT : UNE APPROCHE COMPARATIVE DES MMA

C'est pour combler ce déficit comparatif qu'une équipe de chercheurs spécialistes du sujet, s'est réunie en un collectif de recherche pluridisciplinaire, composé de géographes, d'anthropologues, de sociologues et de vétérinaires. L'équipe Animort[5], à l'origine de l'appel à articles du présent numéro, entend mener la comparaison selon trois axes :

- Entre des contextes géographiques et culturels différents, révélant l'inégale circulation de normes en voie d'internationalisation (comme le BEA) au regard de pratiques de la MMA résistant à l'homogénéisation, et renvoyant à des systèmes de représentation dont seules la description et l'analyse minutieuse permet de rendre la complexité.
- Entre différents domaines professionnels de la MMA, structurés par des normes spécifiques, constitués de savoirs, de pratiques, de réglementations, de déontologies, de jurisprudences qui invitent à penser la mort animale comme un monde du travail confronté à des transformations importantes au regard des enjeux politiques, moraux et environnementaux qui l'entourent.
- Entre des mondes animaux différents et inégalement « tuables » (Haraway, 2008, 2010), de la punaise à l'éléphant, en passant par le chien et la vache, supposant une réflexion sur la manière dont les formes et les normes de mise à mort font évoluer les catégorisations du monde animal, et remettent en question les typologies conventionnelles (animaux de production, de compagnie, nuisibles, etc.).

En lien avec ce dossier thématique de la revue, l'une des principales focales retenues par l'équipe consiste à travailler sur des professions. Pour nos recherches, nous en avons choisi trois, pour leur rôle de producteurs, prescripteurs ou relayeurs de cadrages normatifs appliqués à une grande diversité d'animaux : les abatteurs d'animaux destinés à la consommation, les vétérinaires, et les éradicateurs de nuisibles. Ces trois groupes profes-

[5] Le collectif Animort est composée de quatorze chercheurs. Huit sont géographes : Nathalie Blanc (spécialiste des insectes), Michaël Bruckert (spécialiste de la viande en Inde), Jean Estebanez (spécialiste des animaux en ville et des zoos), Alice Franck (spécialiste du Soudan), Jean Gardin (spécialiste des transformations de l'élevage) Fréderic Landy (spécialiste de l'Inde), Sophie Moreau (spécialiste de Madagascar), Coralie Mounet (spécialiste de la chasse) ; deux sociologues : Jérôme Michalon (spécialiste des relations humains-animaux, des mouvements pro-animaux et des animaux de compagnie), et Félix Jourdan (doctorant travaillant sur l'abattage rituel en contexte industriel) ; deux anthropologues : Olivier Givre (spécialiste de l'Europe du Sud-Est et du sacrifice) et Marc Higgin (qui travaille sur la place non-humain dans les manières d'habiter le monde des humains) ; trois professeurs en sciences vétérinaires de l'École Nationale vétérinaire d'Alfort (ENvA) : Caroline Gilbert, Fanny Pilot-Storck et Céline Robert.

sionnels sont fondés sur des systèmes normatifs différents, intégrant inégalement des normes plus ou moins globalisées de la MMA et inégalement concernées par les débats publics.

Ces trois groupes professionnels ont été sélectionnés, car ils travaillent sur et avec des catégories d'animaux spécifiques (les animaux de rente, les animaux de compagnie ou les nuisibles) et parce que leurs pratiques ne suscitent pas les mêmes controverses : si l'abattage fait aujourd'hui l'objet d'une vive critique sociale, le monde vétérinaire et l'éradication des nuisibles semblent moins déstabilisés dans leur légitimité sociale. L'abattoir, par exemple, peut parfois être décrit comme le lieu où le travail des éleveurs est « *gâché* » par le « *sale boulot* » des abatteurs (Porcher *et al*, 2014), quand d'autres vont dénoncer les « *meurtres* » pratiqués dans les salles d'expérimentation animale ou au cours du cursus vétérinaire. C'est le sens du travail qui se trouve alors menacé (Vialles, 1987 ; Rémy, 2009 ; Ritvo, 2008).

L'approche par des groupes professionnels, et plus spécifiquement le « travail en train de se réaliser » (Dejours, 2016), permet d'aborder dans des mêmes termes des pratiques a priori différentes, et de comprendre leurs logiques de distinction et/ou d'assimilation. À quelques exceptions près, la sociologie des professions s'est peu intéressée à la mise à mort des animaux en tant que telle. S'il existe une multiplicité de travaux portant sur les activités en lien avec les mondes animaux (de l'élevage à la gestion de la faune en passant par les structures dédiées – zoos, refuges, etc.), la mort animale y apparaît comme une dimension parmi d'autres qui ne nécessite pas un traitement spécifique. À titre d'exemple, la sociologie des vétérinaires s'est davantage focalisée sur le mandat sanitaire de la profession (Bonnaud et Fortané, 2018) que sur la place de la MMA dans la construction de l'identité professionnelle. Catherine Rémy (2009) montre pourtant que la MMA est une part conséquente de l'activité des vétérinaires, et que la décision de « l'euthanasie avancée » est bien un privilège de la profession, par ailleurs en prise avec l'ensemble des catégories d'animaux (de rente, de compagnie, sauvages, nuisibles, de zoo, etc.).

Hormis la chasse, dont le statut spécifique, et sauf exception, n'en fait pas un métier à proprement parler, deux groupes professionnels semblent dédiés à la mort animale : les abatteurs, souvent présentés dans la littérature comme des exécutants qui, du fait de la difficulté de leurs conditions de travail et de la tâche à accomplir, bénéficient d'un statut particulier au sein de l'abattoir (Rémy, 2009 ; Müller, 2008 ; Guigon et Jacques-Jouvenot, 2007). Être tueur en abattoir revient souvent à occuper la position paradoxale d'un acteur-clé du processus d'abattage, tout en jouant un rôle mineur dans la chaîne de décision et de contrôle de l'abattage, supervisée par d'autres acteurs (économiques, techniques, sanitaires, vétérinaires). De la même façon, si les exterminateurs de nuisibles (rats, cafards…) semblent constituer un groupe professionnel à part entière, nous n'avons pas rencontré de travaux en sciences humaines et sociales les prenant pour objet. Dans un contexte où la mort animale constitue une question sociétale et morale de plus en plus aiguë et souvent clivante, l'enjeu est donc de comprendre comment, et à quelles conditions, le travail concret de mise à mort structure une identité professionnelle – par exemple quand la profession vétérinaire se féminise, les professionnels de la MMA étant très majoritairement des tueurs, et pas des tueuses.

LE DOSSIER THÉMATIQUE : DES MISES À MORT QUI FONT PROBLÈME ET SONT SOUMISES À DES PROCESSUS DE NORMALISATION

Les cinq textes rassemblés ici sont issus d'un appel à contribution lancé en 2018 et qui reprenait les problématiques que nous venons d'exposer. Quatre émanent de recherches doctorales et post-doctorales sans relation avec les travaux de l'équipe Animort : ce sont les propositions d'Anne-Laure Mathy sur les abattoirs belges, le texte de Gaëlle Ronsin et ses coautrices sur la chasse au phoque dans l'estuaire du Saint Laurent, celui de Vanina Deneux-Le Barh sur la fin de vie des chevaux, et le texte de Julie Riegel sur les collectifs d'éleveurs se mobilisant autour de l'invention d'un abattoir mobile. Un seul est issu du collectif Animort : le texte de Félix Jourdan sur l'adéquation animal-machine en abattoir.

Vanina Deneux-Le Barh, à travers un corpus de 118 entretiens, explore la fin de vie des chevaux, dans les termes de la « sortie du travail » développée à partir des travaux de Jocelyne Porcher ou Jean Estebanez (Porcher et Estebanez, 2020). Le point le plus marquant est sans doute que l'abattage des chevaux n'apparaît pas forcément comme la pire des solutions aux yeux des propriétaires et des éleveurs, pour des animaux qui ont œuvré en centre hippique ou sur des champs de course. La solution de la « mise à la retraite », au fond d'un pré, pouvant parfois apparaître comme une forme de maltraitance supplémentaire. Le propos est donc de montrer que sous l'apparente adhésion à une définition juridique abstraite de l'animal, se cachent des pratiques et des régimes de justification de ces pratiques forts différents, où la MMA peut trouver sa place, même quand il ne s'agit pas d'euthanasie, même quand il s'agit d'animaux au statut liminal comme les chevaux : entre animaux de compagnie et animaux de rente.

Gaëlle Ronsin, Nathalie Lewis et Geneviève Brisson présentent dans le détail les controverses qui ont entouré la chasse aux phoques juvéniles (les « bébés phoques ») dans l'estuaire du Saint-Laurent canadien. Elles expliquent comment ces controverses ont pu aboutir à une mise aux normes de la MMA selon une méthode « en trois étapes » inspirée des innovations effectuées en abattoir au nom du BEA pour les animaux de boucherie – la dissociation d'une phase d'assommage d'une phase de saignée, censée garantir une mort « sans conscience », et donc avec le moins de souffrance possible. Le BEA fait donc ici une percée significative dans le monde de la chasse, mais l'auteur explique enfin comment cette exportation des techniques d'abattoir dans le contexte de la chasse se voit contrecarrée par les changements environnementaux qui font varier les espaces de vie et de chasse de phoques de diverses espèces, chassées de différentes manières, et différemment soumises à des injonctions de respect du BEA.

En s'intéressant à la mise en place expérimentale d'un camion-abattoir par un collectif d'éleveurs dans le sud-est de la France, Julie Riegel expose comment se formulent les ambitions de réappropriation de la MMA par des éleveurs qui la considèrent comme trop souvent mal faite, gâchant le travail d'élevage fait à la ferme et occasionnant de la souffrance pour des animaux qui tout au long de leur vie ont été traités du mieux possible. Elle entre dans le détail du montage juridique administratif et technique d'un projet qui se heurte finalement à toute une série de verrous socio-techniques : la volonté d'autonomisation vis-à-vis des pouvoirs publics et des abattoirs privés, tout comme une certaine éthique de la responsabilité vis-à-vis de l'animal se heurte au manque de temps, de budget et de compétences. Enfin, la question de l'abattage rituel sans étourdissement, pratiquée parfois illégalement sur la ferme vient elle aussi télescoper la problématique du camion-abattoir : l'abattage rituel y est à la fois mis aux normes et visibilisé, ce à quoi s'oppose une partie des personnes impliquées dans le projet. Finalement, l'auteur conclut que c'est le fait même de vouloir normer l'abattage qui pose problème : *« en tant qu'étape et procédure autonomes de l'élevage. Les éleveur.se.s envisagent en effet la mort bonne (ou la meilleure possible), lorsqu'elle est en continuité et en cohérence avec l'avant et l'après de l'abattage, toujours singuliers ».*

Si la question de la mise en visibilité de l'abattage rituel posait problème pour le camion-abattoir étudié par Julie Riegel ; elle est également, parfois, présentée comme une réponse à la maltraitance des animaux au moment de la MMA en abattoir. La mise en place de la vidéosurveillance au point de tuerie dans les abattoirs belges est étudiée dans l'article d'Anne-Laure Mathy. Cette vidéosurveillance est censée permettre de vérifier le respect des normes de BEA par les services vétérinaires. La décision de son officialisation et de sa généralisation fait suite à la prise d'images clandestines effectuées par des associations animalistes. L'image est source de dénonciation puis de vérification des bonnes pratiques. L'auteur pointe néanmoins les limites que les professionnels voient poindre à l'horizon : qui est surveillé ? L'animal ou le travailleur ? Par ailleurs, même favorables à la mesure, les vétérinaires en abattoirs soulignent le fait que la vidéo de la MMA ne peut en aucune manière être esthétisée, sauf dans une perspective voyeuriste. La MMA reste le moment pénible d'un processus qui ne peut être compris que par les professionnels. Au final, il est peu probable que la vidéosurveillance puisse aboutir à un apaisement des controverses sur la MMA.

Ce point de tuerie en abattoirs est aussi l'objet de l'article de Félix Jourdan consacré à l'adéquation animal-machine. L'auteur montre tout d'abord que l'abattage « humanitaire » a progressé tout au long de la seconde moitié du vingtième siècle, avec notamment la généralisation de l'étourdissement préalable à la saignée (la technique que le lecteur aura déjà croisée dans le texte sur la chasse aux phoques étudiée par Gaëlle Ronsin *et al.*), mais non dans un certain nombre d'abattages rituels juifs ou musulmans (comme on l'a vu dans l'article de Julie Riegel sur l'abattoir mobile). Il montre également que cet étourdissement s'est parfaitement inséré à la chaîne industrielle de l'abattoir qui a tous les traits d'une fabrication en série. Cette mise en série des MMA oblige alors les abatteurs à travailler avec des animaux de plus en plus configurés (en termes d'âge, de morphologie, de force…) pour la machine qu'est l'abattoir et plus précisément son point de tuerie (par exemple travailler avec des poulets tous identiques qui réagiront tous de la même manière au passage dans un bain électrifié). Or, en 2013, une nouvelle réglementation vient en quelque sorte inverser ou compléter la logique industrielle : les exigences du BEA sur le point de tuerie sont maintenant telles qu'il ne s'agit plus seulement d'adapter les animaux à la machine, mais d'adapter les machines à la diversité des animaux, ce qui signifie de nouveaux investissements financiers. Or, les derniers abattoirs de proximité ont à la fois le moins de débit, le moins de moyens financiers, le moins de machines adaptées… Et il se trouve que ce sont eux qui gèrent le « tout-venant » des élevages locaux, c'est-à-dire des bêtes d'une grande diversité morphologique, obligeant, dans le respect de la réglementation de 2013, à des MMA différenciées. Incapables de se mettre aux dernières normes, ces abattoirs sont sans doute condamnés. Les animaux, au nom du BEA, seront ainsi pris en charge par des structures industrielles toujours plus grandes et toujours plus lointaines, ce qui pose d'autres questions, notamment éthiques.

Un premier constat est que l'ensemble de ces articles abordent la thématique de la MMA comme une dialectique entre *bonne* et *mauvaise mort*, elle-même élaborée selon deux dimensions complémentaires : le *bien/mal tuer* tel que défini du point de vue des praticiens, et le *bien/mal mourir* tel que défini du point de vue des animaux. Les normes entourant la MMA (BEA, prescriptions sanitaires, éthique animale…) apparaissent comme une arène au sein de laquelle se négocient les cadres et les règles de la *bonne mort*, les rapports entre *bien mourir* et *bien tuer*. La bonne mort des animaux semble ainsi assortie de deux conditions minimales. Premièrement, le bien tuer doit être le fruit d'une nécessité, être porteur d'un sens, qui peut être l'alimentation humaine (chez les abatteurs avec qui se sont entretenus Félix Jourdan ou Anne-Laure Mathy), la perpétuation de leur activité chez les éleveurs étudiés par Julie Riegel, la condition permettant de continuer à habiter le territoire chez les chasseurs de Gaëlle Ronsin *et al.*, la meilleure façon de gérer la fin de vie des chevaux chez certains des interlocuteurs de Vanina Deneux-Le Barh. Ensuite, le bien mourir quant à lui est quasiment partout décrit dans les termes du bien-être animal, c'est-à-dire opéré sans souffrances inutiles, dans des conditions dignes et dans le respect de l'animal en tant qu'être sensible. À l'échelle des articles rassemblés ici, le BEA s'impose donc bien comme une norme de plus en plus généralisée touchant à l'ensemble des mondes professionnels concernés.

Mais ce que l'on voit poindre également, c'est la diversité des pratiques effectives sous l'apparent consensus qui s'exprime sur la « bonne mort » du point de vue du BEA. Chez Félix Jourdan, le BEA en abattoir est devenu un élément intrinsèque de la conformation des animaux aux machines et des machines aux animaux (ce qu'il appelle l'adéquation animal-machine) en système industriel. Chez Anne-Laure Mathy, la vidéosurveillance apparaît comme un système de régulation technique de la MMA, dans le respect d'un BEA lui-même appréhendé comme une procédure purement technique. Dans ce cadre-là, l'animal-machine fait de fulgurantes avancées. C'est tout à fait le contraire de ce qui se passe dans le cas du camion-abattoir de Julie Riegel, là où la MMA est appréhendée comme inséparable d'une totalité englobant l'éleveur, sa clientèle, et les animaux de leur naissance à leur transformation. De la même manière, envisagée au plus près du terrain, la fin de vie « digne » des chevaux en fin de carrière peut aussi bien justifier leur mise à mort que leur mise à la retraite. C'est tout le problème de la mise aux normes qui est en fait ici illustré. Mettre aux normes, c'est créer du conflit et de la négociation quand il s'agit de définir les normes, mais également définir l'anormal, l'inadéquat, qui dans le cas particulier de notre objet d'étude, est aussi un intolérable : la souffrance animale.

« *Ainsi l'intolérable peut-il se donner à voir précisément comme ce qui n'est pas construit, comme ce qui va de soi – au nom de valeurs supposées universellement acquises et au nom de sensibilités censées être unanimement partagées. Simultanément inacceptable et insupportable* » (Fassin, 2005). Ce qui pour Fassin fonde la « *raison humanitaire* » (la souffrance et la mort comme intolérables) pourrait bien relever d'un mouvement plus profond de réévaluation de l'inacceptable et de l'insupportable, dans lequel il ne s'agit plus seulement de redéfinir l'humanité autour de « *l'inviolabilité des corps* », mais d'étendre le domaine de l'intolérable à une multiplicité d'êtres sensibles. Pourrions-nous alors parler, autour des différents enjeux actuels de la MMA, de l'émergence d'une « raison animalitaire » à la fois traduite en normes et en valeurs, en droits et en devoirs, en éthiques et en politiques ? La question est de savoir quelles formes prend l'alliance de l'anormal et de l'intolérable et ses conséquences (interdiction de la chasse aux phoques ? Abolition de l'abattage industriel ? Retraite obligée des chevaux ?). Sans statuer sur ce plan, contentons-nous de souligner que la mort animale interroge nos manières de (et nos capacités à) vivre *avec* les animaux (Porcher, 2014). Au vu du corpus ici rassemblé, la question est bien ouverte et bien actuelle.

BIBLIOGRAPHIE

AGULHON Maurice, 1981, « Le sang des bêtes. Le problème de la protection des animaux en France au XIXe siècle », *Romantisme*, p. 81-109.

ALBERA Dionigi, 2001, « Terrains minés », *Ethnologie française*, vol. 31, p. 5-13.

BARBIER Marc, 2006, « Surveiller pour abattre. La mise en dispositif de la surveillance épidémiologique et de la police sanitaire de l'ESB (enquête) », *Terrains & travaux,* n° 11, p. 101-121.

BLANC Nathalie, 1998, « L'écologie urbaine et le rapport ville-nature 1925-1990 », *Espace géographique*, Belin, p. 289-299.

BLANC Nathalie, 2000, *Les animaux et la ville*, Paris, Odile Jacob.

BONDAZ Julien (ed.), 2015, *Bêtes à penser*, Paris, Éditions des archives contemporaines.

BONNAUD Laure, FORTANÉ Nicolas, 2018, « L'État sanitaire de la profession vétérinaire. Action publique et régulation de l'activité professionnelle », *Sociologie,* n° 9, p. 253-268.

BONTE Pierre, BRISEBARRE Anne-Marie, GOKALP Altan (dir.), 1999, *Sacrifices en islam. Espaces et temps d'un rituel*, Paris, CNRS éditions.

BORY Jean-Yves, 2013, *La douleur des bêtes. La polémique sur la vivisection au XIXe siècle en France*, Rennes, PUR, 309 p.

BOUKALA Mouloud, GIVRE Olivier (dir.), 2019, *Morts animales en perspectives*, *Frontières,* vol. 30, n° 2. https://www.erudit.org/fr/revues/fr/2019-v30-n2-fr04792/

BRISEBARRE Anne-Marie (ed.), 1998, *La fête du mouton. Un sacrifice musulman dans l'espace urbain*, Paris, CNRS éditions.

BRISEBARRE Anne-Marie (ed.), 1999, « Mort et mise à mort des animaux », *Études Rurales*, p. 147-148.

BRUCKERT Michael, 2018, *La chair, les hommes et les dieux. La viande en Inde,* CNRS Éditions.

BULLIET Richard, 2005, *Hunters, herders, and hamburgers: the past and future of human-animal relationships*, Columbia University Press.

CARRIÉ Fabien, TRAÏNI Christophe (eds), 2019, *S'engager pour les animaux*, Paris, Presses universitaires de France.

CARRIÉ Fabien, 2015, « Le savant, le cobaye et l'antivivisectionniste. Circulation, réception et universalisation des innovations expérimentales dans les sciences du vivant (France et Grande-Bretagne, 1860-1890) », *Politix*, n° 28, p. 69-92.

CYRULNIK Boris (dir.), 1998, *Si les lions pouvaient parler. Essais sur la condition animale*, Paris, Gallimard.

DALLA BERNARDINA Sergio, 1996, *L'utopie de la nature : chasseurs, écologistes et touristes*, Paris, Imago.

DARNTON Robert, 1985, *Le grand massacre des chats. Attitudes et croyances dans l'ancienne France*, Paris, Robert Laffont.

DESCOLA Philippe, 2005, *Par-delà nature et culture*, Paris, Gallimard.

DEJOURS Christophe, 2016, *Situations du travail*, Paris, PUF.

DONALDSON Sue, KYMLICKA Will, 2016, *Zoopolis. Une théorie politique des droits des animaux*, Paris, Alma éditeur.

DUBREUIL Catherine-Marie, 2013, *Libération animale et végétarisation du monde. Ethnologie de l'antispécisme français*, Paris, Éditions du CTHS.

ELIAS Norbert, 1973, *La civilisation des mœurs*, Paris, Pocket.

ESTEBANEZ Jean, 2019, « La vie sans la mort. Qu'est-ce qu'un élevage au zoo ? », *Morts animales en perspectives, Frontières*, vol. 30, n° 2, 2019, p. 75-82.

EXBALIN Arnaud, 2015, « Le grand massacre des chiens. Mexico fin du XVIIIe siècle », dans F. Bourillon, C. Degueurce et J. Estebanez (dir.), *Animaux dans la ville 1, Histoire Urbaine*, n° 44, p. 107-124.

FASSIN Didier, 2005, « 1. L'ordre moral du monde. Essai d'anthropologie de l'intolérable », in Patrice Bourdelais *et al.*, *Les constructions de l'intolérable*, La Découverte, coll. « Recherches », p. 17-50.

FITZEGERALD Amy, 2010, « A social history of the slaughterhouse: from inception to contemporary implications », *Research in Human Ecology*, vol. 17, n° 1, p. 58-69.

FONTENAY Elisabeth de, 1998, *Le silence des bêtes. La philosophie à l'épreuve de l'animalité*, Paris, Fayard.

FRANCK Alice, GARDIN Jean, GIVRE Olivier, 2015, « La mort animale rituelle en ville. Une approche comparée de la "fête du sacrifice" à Istanbul, Khartoum et Paris », *Histoire Urbaine,* n° 44, p. 139-168.

FRASER Nancy, 2009, *Scales of justice: reimagining political space in a globalizing world*, Columbia University Press.

GIVRE Olivier, 2015, « "Tuer humainement". L'animal rituel et sacrificiel entre licite et légal », in M. Cros, J. Bondaz, F. Laugrand (dir.), *Bêtes à pensées. Visions des mondes animaux*, Paris, Éditions des Archives Contemporaines.

GIVRE Olivier, 2016, « Fever at the border. About the 2011's FMD (Foot and Mouth Disease) outbreak in Strandža (Bulgaria/Turkey) », *Ethnologia Balkanica*, n° 18/19, p.19-34.

GUIGON Sylvie, JACQUES-JOUVENOT Dominique, 2007, « Choupette et Pimprenelle : "Les bêtes curieuses" aux abattoirs », *Travailler*, n° 7, p. 179-196.

GRIFIN Carl J., 2011, « Animal maiming, intimacy and the politics of shared life: the bestial and the beastly in eighteenth- and early nineteenth-century England », in *Transactions on the Institute of British geographers*, Royal Geographical Society, NS 37, p. 301-316.

HARAWAY Donna, 2008, *When species meet*, Minneapolis, University of Minnesota Press.

HARAWAY Donna, 2010, *Manifeste des espèces de compagnie. Chiens, humains et autres partenaires*, Paris, Éditions de l'éclat.

HELL Bertrand, 1994, *Le sang noir. Chasse et mythe du sauvage en Europe*, Flammarion, Champ, 381 p.

KECK Frederic, 2010, *Un monde grippé*, Flammarion, Paris.

MARGUENAUD Jean-Pierre, BURGAT Florence, LEROY Jacques (dir.), 2010, « Dossier thématique : l'abattage rituel », *Revue semestrielle de droit animalier*, n° 2, Limoges, Faculté de droit et des sciences économiques.

MAUZ Isabelle, 2002, « Les conceptions de la juste place des animaux dans les Alpes françaises », *Espaces et sociétés*, n° 110-111, p. 129-146.

MICHALON Jérôme, 2013, « Fabriquer l'animal de compagnie. Ethnographie d'un refuge SPA », *Sociologie,* n° 4, 163-181.

MICHALON Jérôme, 2014, « Pourquoi faut-il parler de la mort des animaux de refuge ? », *Thanatologie – Études sur la mort*, p. 73-82.

MICHALON Jérôme, 2017, « Les *Animal Studies* peuvent-elles nous aider à penser l'émergence des épistémès réparatrices ? », *Revue d'Anthropologie des Connaissances*, vol. 11, n° 3, p. 321-349.

MULLER Séverin, 2008, *À l'abattoir. Travail et relations professionnelles face au risque sanitaire,* Éditions QUAE, 301 p.

PARK Robert E., 1990, « La ville. Propositions de recherche sur le comportement humain en milieu urbain », in Y. Grafmeyer et I. Joseph, *L'École de Chicago. Naissance de l'écologie urbaine*, Paris, Aubier, p. 83-130.

PHILO Chris, 1995, « Animals, géography, and the city: notes on inclusions and exclusions », *Environment and Planning D*, vol. 13, n° 6, p. 655-681.

PINGUET Catherine, 2008, *Les chiens d'Istanbul. Des rapports entre l'homme et l'animal de l'Antiquité à nos jours*, Saint-Pourçain-sur-Sioule, Bleu autour.

PORCHER Jocelyne, 2014, *Vivre avec les animaux. Une utopie pour le XXIe siècle*, Paris, La Découverte.

PORCHER Jocelyne, ESTEBANEZ Jean (eds.), 2020, *Animal work. A new perspective on human-animal relations*, Bielefeld, Transcript.

RÉMY Catherine, 2009, *La fin des bêtes. Une ethnographie de la mise à mort des animaux*, Paris, Economica.

RITVO Harriet, 2008, « Making animals real », *BioSocieties*.

SAUMADE Frédéric, 1994, *Des sauvages en Occident. Les cultures tauromachiques en Camargue et en Andalousie,* Paris, Éditions de la Maison des sciences de l'homme.

TRAÏNI Christophe, 2011, *La cause animale (1820-1980). Essai de sociologie historique*, Paris, Presses universitaires de France.

VIALLES Nöelie, 1987, *Le sang et la chair. Les abattoirs des pays de l'Adour*, Paris, Maison des Sciences de l'Homme.

ON N'ACHÈVE PLUS LES CHEVAUX

They shoot horses, don't they?

Vanina DENEUX-LE BARH
UMR Innovation, INRA, CIRAD,
Université Paul Valéry Montpellier III
IFCE, Pôle DIR
vanina.deneux@inrae.fr

Résumé : Sur la scène médiatique et politique, se joue actuellement la pluralité des statuts juridiques des animaux. Les diverses injonctions qui en découlent, ont-elles un impact sur les représentations et les pratiques de ceux qui travaillent quotidiennement avec les animaux ? À partir du cas des chevaux, l'article présente, pour la France, la diversité et la complexité de la gestion de leur sortie du travail et de leur fin de vie. Adossé à la théorie du don, l'objectif est de montrer que les appareillages juridiques et médiatiques rendent compte d'une représentation morale de la relation aux animaux qui ne correspond pas forcément à celles des professionnels ni à leurs engagements réels auprès de leurs chevaux. À partir de l'analyse lexicométrique d'un corpus de cent huit entretiens de professionnels du secteur équin, l'article expose les représentations et les stratégies que les professionnels utilisent et comment ceux-ci ont à cœur d'assurer une sortie du travail et une fin de vie dignes et reconnaissantes de l'engagement de leurs animaux dans le travail.

Mot-clés : cheval, retraite, mort, représentation, pratique, lexicométrie

Abstract : *On the media and political arena, the plurality of legal status of animals is currently being played out. Do the various injunctions that result from this have an impact on the representations and practices of those who work with animals on a daily basis? Based on the case of equidae, the article presents, for France, the diversity and complexity of the management of their exit from work and their end of life. Backed by the theory of gift, the aim of the project is to show that the legal and media systems reflect a moral representation of the relationship with animals which does not necessarily correspond to that of professionals or to their real commitments to their horses. Based on the lexicometric analysis of the corpus of 108 interviews of equine sector professionnals, the article sets out the representations and strategies that professionals use and how they are committed to ensuring a dignified and grateful exit from work and end of life for their animals' commitment to their work.*

Keywords : *horse, retirement, death, representation, practice, lexicometry*

Le 19 décembre 2018, le journaliste Hugo Clément publie sur le site de média en ligne Konbini une vidéo intitulée *La triste fin des chevaux de course* (1)[1]. Il reprend et commente des images tournées par l'association abolitionniste L214 à l'abattoir d'Équevillon. Ce reportage n'est pas une diatribe contre les conditions d'abattage puisqu'il est reconnu que dans cet abattoir la règlementation est respectée. C'est l'idée même d'abattage des animaux et de consommation de viande de cheval qui est fustigée. Cette contestation fait suite aux campagnes « Le cheval, ça ne se mange pas ! » menées par la fondation Brigitte Bardot depuis 1994 (2). Les deux associations s'insurgent contre l'envoi de chevaux à l'abattoir après que ceux-ci aient effectué une carrière en courses ou en centres équestres. Cette dénonciation du sort des chevaux a un écho d'autant plus ample que le cheval est le troisième animal préféré des Français (3) et que l'équitation est le quatrième sport le plus pratiqué dans le pays (IFCE, 2019). Sur la scène médiatique, les associations de protection animale et les groupes antispécistes réactivent le haut statut symbolique du cheval qui avait fait de l'hippophagie une pratique honteuse et immorale (Leteux, 2005). Entrepreneurs de morale (Becker 1985), ils utilisent le registre du « dévoilement » comme dispositif de sensibilisation du public (Traïni, 2011 ; Régnier et Héas, 2020). Ils mettent en cause la légitimité et le mandat professionnel de ceux qui travaillent au quotidien avec les chevaux, en édifiant un système normatif qui se revendique plus éthique envers les animaux. L'un des objectifs est de modifier le statut du cheval en le faisant entrer dans la catégorie des animaux de compagnie (4), ce qui supposément obligerait les professionnels à lui assurer une meilleure prise en compte de sa retraite et de sa fin de vie.

Dans ce contexte, la remise en cause de la destination bouchère des chevaux bouleverse-t-elle véritablement le secteur équin quant à la gestion de la réforme des chevaux ? Quelles sont les considérations qui entrent en jeu dans les représentations et les pratiques de gestion de la sortie du travail des animaux ?

L'objectif de l'article est double. En m'appuyant sur la théorie maussienne du don, mobilisée dans le champ des relations entre humains et animaux par Porcher (2002), je souhaite montrer que d'une part l'engagement des professionnels envers les animaux est intrinsèquement doté d'un sens moral qui se formule en d'autres termes que celui de la conception animaliste. D'autre part, la question du statut de l'animal qui est une construction juridique abstraite ne prévaut ni aux prises de décision ni aux stratégies des professionnels quant à la retraite et la fin de vie des chevaux.

---

[1] Chaque numéro mis entre parenthèses correspond à une référence sitographique située après la bibliographie.

Pour soutenir ce propos, je présenterai un état des lieux de la fin de vie des équidés, à l'échelle du territoire français. Puis, j'exposerai les résultats de l'analyse du discours de cent huit individus ayant une activité professionnelle en lien avec les chevaux, concernant leurs représentations et leurs pratiques relatives à la sortie du travail et à la fin de vie de leurs animaux.

UNE FIN DE VIE PLURIELLE ET RÉGLEMENTÉE

La présentation s'appuie sur les données de l'Observatoire Économique et Social du Cheval (OESC) (5) qui est une antenne de l'Institut Français du Cheval et de l'Équitation (IFCE) et sur les textes législatifs européens (6) qui constituent le cadre référentiel commun minimum à l'ensemble des États membres.

Un cheptel équin qui se réduit et qui vieillit

Durant la décennie 1960, en France, le cheptel équin régresse de 59 % passant de 2,2 millions de têtes à un peu plus d'un million d'individus en 2019 (Dornier, 2019). 83 % du cheptel est composé de chevaux et poneys de sports et de loisirs, 7 % de chevaux de trait et 10 % d'ânes. La carrière théorique d'un équidé s'organise autour de quatre grandes phases : l'élevage de la naissance à environ 3 ans ; l'apprentissage de 4 à 6-7 ans ; l'activité et les possibles reconversions entre 7 et 15-20 ans ; au-delà, la retraite puis la fin de vie. L'espérance de vie moyenne est estimée à environ 25 ans. Le secteur hippique se distingue par une précocité de l'apprentissage et de l'activité puisque les chevaux débutent leur carrière à 2 ans et la terminent aux alentours de 5 ans chez les galopeurs et de 10 ans chez les trotteurs. En France, à tout moment, sauf mesure dérogatoire, l'animal peut être envoyé à l'abattoir pour cause, par exemple, de dangerosité pour l'homme ou pour ses congénères, de sous performance sportive ou productive, ou pour éviter de supporter le coût économique de sa réforme.[2] La retraite d'un équidé dure en moyenne 11 ans ; pour le propriétaire, le coût annuel moyen s'élève à 1 050 euros hors frais vétérinaires, auxquels s'ajoutent les frais éventuels d'euthanasie et ceux de destruction du corps (Dornier, 2015).

L'analyse de l'évolution de la population équine sur la période 2010-2018 (illustration 1) indique une baisse des naissances et un vieillissement du cheptel. La population de chevaux de moins de 10 ans a diminué de 20 % alors que celle des plus de 20 ans a augmenté de 30 %. En 2016, selon l'OESC, les équidés retraités constituaient 16 % du cheptel. Ces éléments – corroborés par les données statistiques quant à la gestion de la fin de vie (illustration 2) – montrent l'attention portée à la retraite des chevaux. La

---

[2] Dans les mêmes conditions, les vétérinaires des pays d'Europe du Nord peuvent euthanasier les animaux sur simple demande du propriétaire (WHW, EFA, 2015).

baisse du nombre de chevaux envoyés à l'abattoir est notable et semble être corrélée la baisse de l'hippophagie.

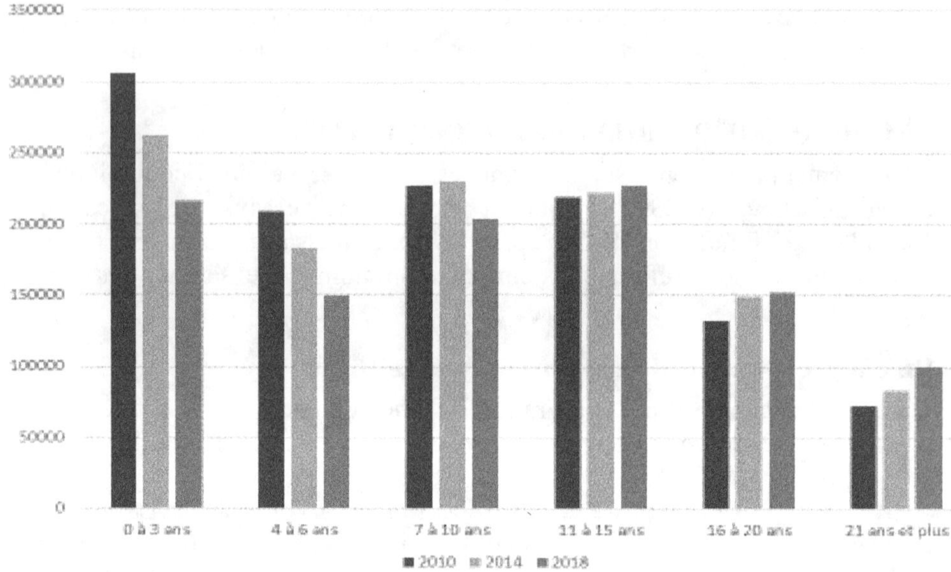

Illustration 1 – **Évolution du cheptel équin par tranche d'âge entre 2010 et 2018.** Source OESC

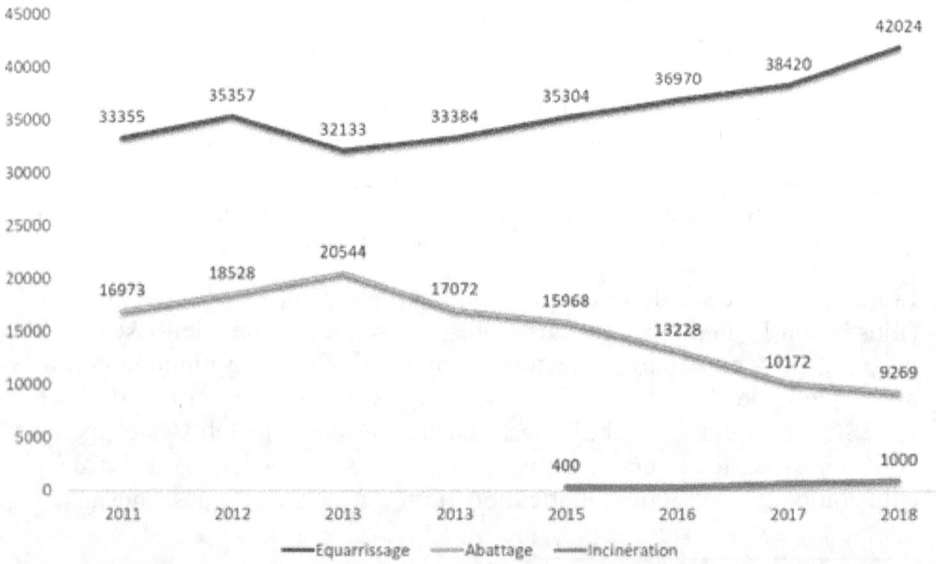

Illustration 2 – **Évolution du nombre d'équidés abattus, équarris ou incinérés entre 2010 et 2018.** Source : OESC, Horsia

La petite histoire contrariée de l'hippophagie en France

Poplin (1992), Leteux (2005), Digard (2007), Lizet (2010), Roche (2015) évoquent l'histoire mouvementée de l'hippophagie en France. Hormis en temps de famine, la viande de cheval était répugnée, et ce quelle que soit la catégorie sociale des individus. À partir de 1850, le statut de cette viande évolue sous l'impulsion des associations de protection animale et des communautés scientifique et médicale. Pour E. Decroix, directeur de l'école vétérinaire d'Alfort et président de la SPA, l'hippophagie revêt une dimension éthique qui permet de libérer de la souffrance des chevaux trop vieux ou n'ayant plus d'utilité pour l'homme. En 1866, l'hippophagie est légalisée en France. Cependant, le caractère honteux de cette viande demeure : tout le monde n'en mange pas – elle est d'abord envisagée pour les nécessiteux – et sa distribution emprunte un autre circuit avec la création de boucheries spécialisées (Lizet, 2010). L'idéographie de la viande – exposition des têtes, os, voire corps – ne s'applique pas au cheval (Poplin, 1992). Au début du XXe siècle, l'hippophagie progresse, mais reste circonscrite sociologiquement et géographiquement aux bassins ouvriers. Après 1950, la mécanisation a raison du travail avec les chevaux de trait. Afin de sauvegarder les neuf races de trait nationales, plusieurs campagnes de promotion de la viande de cheval sont lancées (Lizet, 2010). La production de chevaux lourds, notamment de laitons, est exportée, car contrairement aux Italiens, par exemple, qui apprécient la viande rosée, les Français préfèrent la viande rouge, celle des animaux de réforme.

En 1963, plus de 385 000 équidés étaient abattus pour la consommation humaine ; en 2019, leur nombre n'atteint plus que 7 980 individus soit une baisse de presque 98 % et les équidés ne représentent plus que 0,2 % de la viande consommée en France (Heydemann, 2019). Ce déclin questionne la pérennité de cette consommation, d'autant que les associations de protection animale et celles de la cause animale mènent des actions lobbyistes auprès des politiques afin d'y mettre un terme. La Fondation Brigitte Bardot (FBB) a été la première association à œuvrer pour l'abolition de cette pratique, dans les années 1990, en menant de très nombreuses campagnes médiatiques en France et au Parlement européen (2). La dernière proposition de loi en la matière a été déposée en mars 2019 par la sénatrice, S. Joissains (9).

Abattoir ou pas abattoir, tel est l'enjeu de la case à cocher

Du fait de leur statut d'animal de rente, tous les équidés peuvent entrer dans la chaîne alimentaire humaine. Ce n'est qu'au fil de leurs activités, ou au gré de leurs propriétaires qu'ils peuvent être exclus de la finalité bouchère. Après plusieurs scandales sanitaires – dont celui de 2013 où de la viande de cheval a frauduleusement remplacé celle de bœuf dans la composition de lasagnes surgelées – l'Union européenne a renforcé la traçabilité des équidés afin de sécuriser la chaîne alimentaire. Le règlement d'exécution (UE) n° 2015/262 relatif aux méthodes d'identification des équidés précise les conditions d'admission des équidés en abattoir ; quatre cas les en écartent :

- Les animaux identifiés tardivement ;
- Ceux accompagnés par un document d'identification de remplacement ou un duplicata ;
- Ceux ayant reçu des traitements médicamenteux particuliers[3] ;
- Ceux exclus de la chaîne alimentaire par volonté de leur propriétaire. Dans ce cas, la partie II du feuillet « suivi des traitements médicamenteux » contenu dans le passeport de l'animal doit être remplie, cette pratique est surnommée « la case à cocher ». Au cours de sa carrière, le cheval peut changer plusieurs fois de propriétaires[4]. Si l'un d'eux décide de « cocher la case », il impose aux éventuels propriétaires suivants de se conformer à cette volonté et d'assumer la retraite et la fin de vie du cheval, car celui-ci est exclu irrévocablement de la consommation humaine et animale.

Après sa mort, le corps de l'animal est destiné à l'équarrissage ou à l'incinération. Le règlement impose au propriétaire ou au détenteur de l'équidé d'effectuer la déclaration de la mort de l'animal auprès d'un système centralisé. Pour la France, le Système d'Informations Relatifs aux Equidés (SIRE) est géré par l'IFCE (7).

La fin de vie en dehors de l'abattoir : équarrissage ou incinération

En France, l'obligation pour le propriétaire de détruire le corps de son animal mort est applicable depuis 1898. Quatre procédés sont acceptés : équarrissage, combustion, enfouissement et naturalisation, mais l'article L226-2 du code rural interdit l'enfouissement de tout animal de plus de 40 kg sous peine d'amende.

Pour les équidés morts en 2019 (hors abattage), l'OESC estime qu'environ 70 % ont été euthanasiés[5]. Jusqu'à la loi n° 2008-1425, le service d'équarrissage était une mission de service public, puis, les filières animales ont dû se regrouper en associations dites Animaux Trouvés Morts (ATM), pour négocier avec les sociétés d'équarrissage, les tarifs d'enlèvement des cadavres. Pour la filière équine, il s'agit de l'ATM-ANGEE (CGAAER, 2014). L'équarrissage est le mode de destruction des cadavres d'équidés le plus appliqué (illustration 2). En 2020, son coût varie de 20 à 800 € suivant l'âge, le poids et le lieu d'enlèvement (10).

---

[3] En tant qu'animal de rente, les chevaux doivent être soignés par une pharmacopée qui leur permet d'entrer dans la chaîne alimentaire. Or, leurs diverses activités font qu'ils peuvent être atteints de pathologies nécessitant d'autres médicaments. C'est pourquoi un règlement européen liste les molécules pharmaceutiques dont le recours interdit l'envoi des équidés à l'abattoir.

[4] Le SIRE estime qu'un cheval peut changer 4 à 5 fois de propriétaires au cours de sa vie.

[5] Chiffre obtenu sur demande à l'OESC en décembre 2020.

L'article 2 de l'arrêté du 4 mai 1992 autorise seulement la crémation des animaux de compagnie. Adossé au règlement CE n° 1969/2009, l'arrêté du 17 juillet 2009 fait exception en autorisant l'incinération des équidés. En 2020, un seul opérateur propose un service de crémation : Horsia, un segment d'Incineris le leader français de la crémation des animaux de compagnie appartenant à la Compagnie des vétérinaires. À l'automne 2015, Horsia sur son site internet promouvait l'incinération ainsi : « *L'équarrissage consiste en la transformation industrielle des corps. L'animal est d'abord dépecé, la peau et les os retirés pour les réduire en farines animales, ce qui constitue un traitement inacceptable pour tout propriétaire. L'incinération offre alors une alternative plus respectueuse du corps de l'animal décédé. Elle permet au propriétaire d'éviter le traumatisme lié aux pratiques de l'équarrissage* » (Deneux, 2015, p. 29). [6] En 2020, au regard des coûts d'équarrissage, ceux de la crémation demeurent très élevés, entre 570 et 1 650 €, auxquels s'ajoutent les frais de rapatriement du corps au crématorium, entre 223 et 759 € (11).

Bien que l'incinération des équidés ait été légalisée en 2011, les chiffres communiqués par Horsia ne sont fournis que pour la période 2015-2018.[7] En 2015, l'incinération représentait 1,12 % du traitement des cadavres d'équidés hors abattoirs. Ce taux augmente à 2,33 % en 2018. Au total, alors que le nombre de chevaux abattus pour la consommation humaine diminue de 46 % sur la période étudiée, l'équarrissage et l'incinération progressent respectivement de 21 et 60 %. Les éléments statistiques (illustration II) indiquent un faible taux d'abattage des chevaux en France, par conséquent une gestion accrue de la sortie du travail et de la mort des équidés.

Pour les opposants à la destination bouchère des équidés, la solution de la case à cocher est une avancée majeure. Néanmoins, le plus sûr moyen, selon eux, est encore de transformer le statut des équidés d'animal de rente en celui d'animal de compagnie. Ainsi, la première proposition de loi est déposée, en 2010, par le député L. Luca, administrateur de la FBB (*France Soir*, 2010) (8). Rejetée, la loi est soumise à l'identique en 2013 et 2018 par le député N. Dupont-Aignan soutenu par une campagne de presse nationale payée par la FBB (8)(4). L'argumentaire repose sur la comparaison des relations anthropocanines et des relations anthropoéquines aboutissant à une absence de différenciation entre le chien et le cheval dans leurs relations de vie et de travail avec les humains, si ce n'est celle du statut et des prérogatives juridiques qui lui sont associés.

Ces propositions de loi et l'appareillage règlementaire tant national qu'européen rendent compte de l'ambivalence voire du glissement du statut

[6] Cette présentation est aujourd'hui absente du site web d'Horsia.

[7] Chiffres obtenus sur demande à Horsia en juin 2019.

du cheval de l'animal de rente à l'animal de compagnie. Quant aux données statistiques, elles mettent au jour l'existence d'une gestion de la retraite qui prévaut l'abattoir, témoignant du fait qu'y envoyer d'un équidé ne va pas – plus de soi. Faut-il pour autant voir un lien entre les deux phénomènes ? Est-ce que le recul de l'abattage des chevaux est le signe d'une considération du cheval comme un animal de compagnie ? Nous allons voir que pour les professionnels du cheval, il n'en est rien.

MATÉRIAU ET MÉTHODES POUR ANALYSER LES MODALITÉS DE LA SORTIE DU TRAVAIL DES CHEVAUX

Ma recherche doctorale s'inscrit dans une sociologie des relations de travail entre humains et animaux (Porcher, 2014, 2017 ; Porcher et Estebanez, 2019). Je m'intéresse aux relations de vie et de travail anthropoéquines dans le domaine strictement professionnel. Cent huit entretiens semi-directifs d'environ une heure chacun ont été réalisés, enregistrés et retranscrits. L'échantillon est constitué de professionnels des sports équestres et hippiques, de l'écologie (travaux cantonniers, agricoles…), du lien social (spectacle, soin, police…) et transverse (vétérinaires, maréchaux ferrants, entreprises d'équipement…).

Les thèmes de la grille d'entretien abordent l'engagement des humains dans le travail avec les équins ; l'engagement subjectif des chevaux dans le travail et sa reconnaissance ; l'organisation et les conditions de vie et de travail des chevaux ; leur carrière ; la figure idéale typique de l'homme de cheval. Les résultats présentés dans cet article concernent les thématiques de la sortie du travail et de la fin de vie des chevaux.

Du fait de leur grand nombre, les entretiens ont été codés afin d'être traités par le logiciel de lexicométrie Iramuteq. Il a pour fonction de repérer la répartition des fréquences d'apparition de catégories sémantiques dans des segments de textes et il établit une classification hiérarchique descendante selon de la méthode Reinert (Marty *et al.*, 2013). Les mondes lexicaux repérés par Iramuteq sont le résultat d'une sémantique produite par des représentations sociales (Ratinaud et Marchand, 2015).

Lors des premiers entretiens, la question de la destination bouchère des équidés n'était jamais spontanément abordée par les enquêtés. C'est pourquoi, après une dizaine d'interviews, j'ai décidé de poser clairement la question afin d'appréhender les raisons de ce silence.

Pour le présent article, j'ai regroupé les thématiques « sortie du travail » et « boucherie », dans un sous-corpus analysé par Iramuteq, d'où la première segmentation du dendrogramme (illustration 3). En laissant les valeurs par défaut du logiciel, la classification hiérarchique descendante fait état de 9 classes terminales. Pour chaque classe, une partie du lexique (par ordre décroissant du chi2 de liaison aux classes) est donnée.

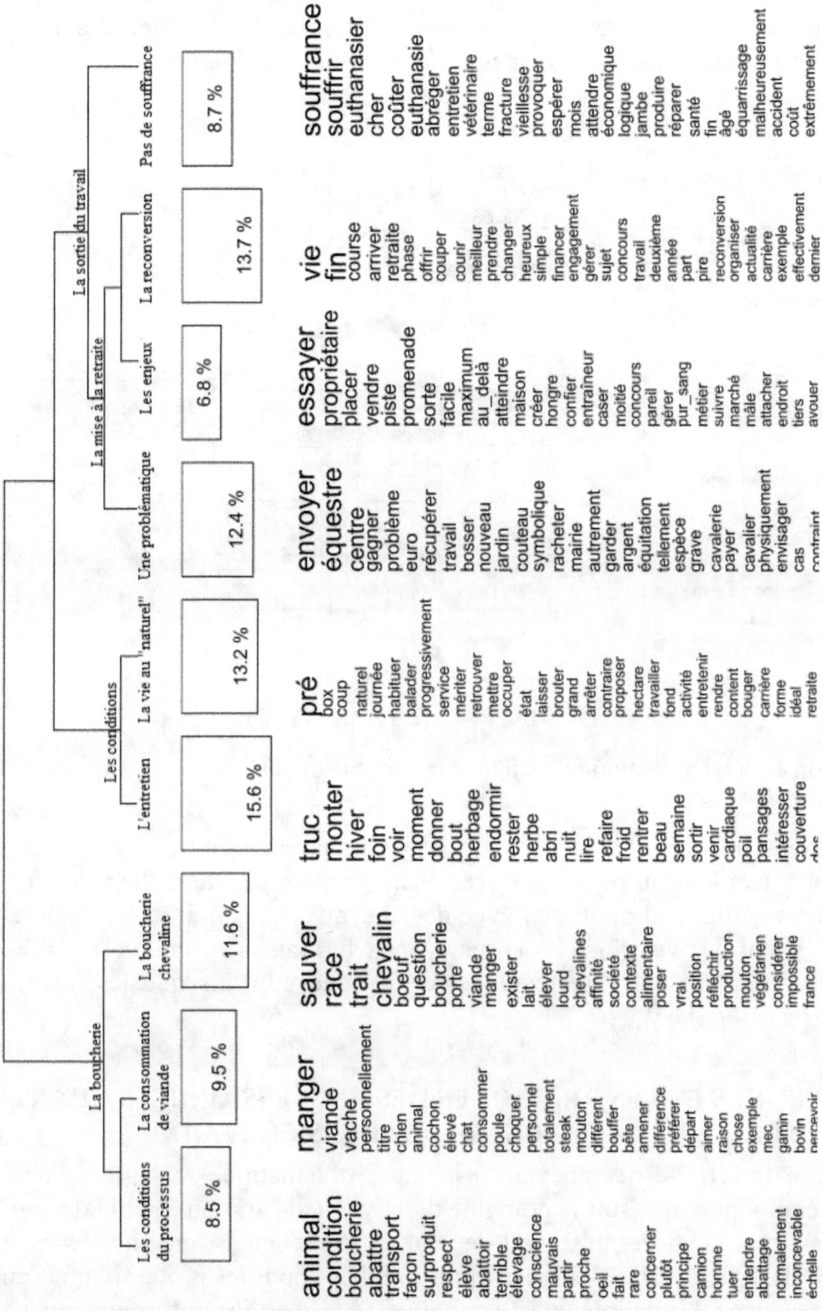

Illustration 3 – **Dendrogramme. Classification du sous-corpus sortie du travail et boucherie, taille des classes et extrait des lexiques caractéristiques des classes.** Source : V. Deneux-Le Barh

Afin d'améliorer l'interprétation des classes lexicales, on peut recourir au test statistique du chi2 par modalité de variables. Lorsque le chi2 est inférieur (positivement ou négativement) à 3,84, cela notifie que le seuil de significativité est inférieur à 0,05. Ce qui permet d'affirmer que la variable contribue statistiquement à moduler la classe à laquelle elle est associée. Ici, la variable du lien au cheval (illustration 4) et celle du domaine d'activité (illustration 5) sont retenues pour une meilleure compréhension du dendrogramme.

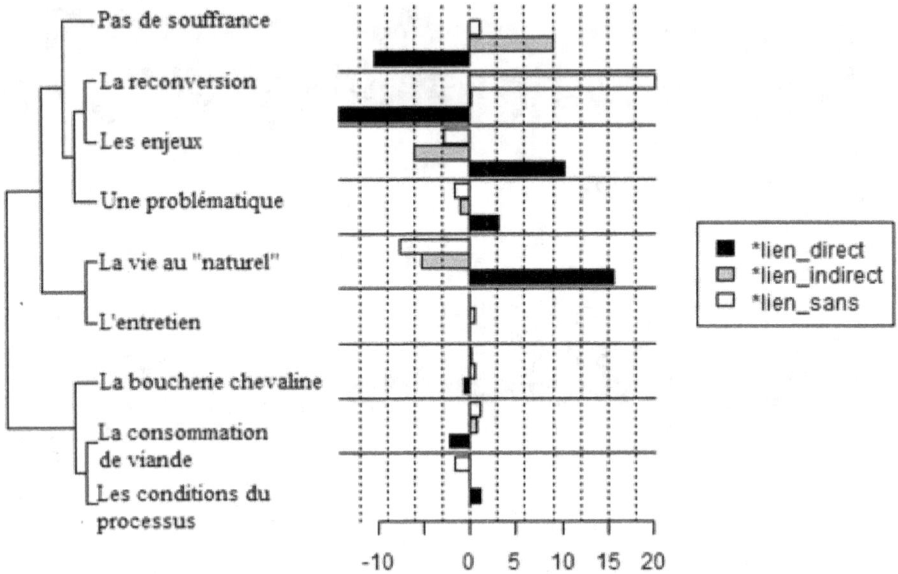

Illustration 4 – **Test statistique du chi2 sur la variable du lien**
Source : V. Deneux-Le Barh

Le critère du lien aux chevaux répartit les professionnels en trois catégories : ceux qui travaillent au quotidien avec leurs propres chevaux (lien direct) ; ceux qui travaillent au quotidien avec des chevaux, mais qui ne sont pas les leurs à l'instar des vétérinaires ou maréchaux ferrants (lien indirect) ; enfin, ceux ne travaillant pas directement avec les chevaux tels que les institutionnels (sans lien).

LES DISCOURS ET LES PRATIQUES DES PROFESSIONNELS QUANT À LA RETRAITE ET LA FIN DE VIE DE LEURS CHEVAUX

La mise à la retraite des chevaux est une problématique majeure pour le secteur équin, quel que soit le domaine d'activité (illustration 5) et le devenir des animaux à la sortie du travail dépend de la reconnaissance qui leur est accordée dans le travail. L'enjeu est plus prégnant pour les professionnels en lien direct avec les animaux (illustration 4). Lorsqu'ils ont beaucoup de chevaux, par exemple les centres équestres, l'impossibilité de tous les garder du fait des coûts financiers inhérents est énoncée.

> *lien_direct *dom_sport[8]
> *Ça, c'est la bête noire de l'homme de cheval, c'est sûr parce que financièrement dans un club, on ne peut pas garder les chevaux ; ça coûte cher de nourrir un cheval.*

> *lien_sans *dom_transversal
> *Le problème, c'est qu'ils vivent quand même 10 ans après avoir arrêté de travailler (...) il produit plus rien, il ramène plus d'argent et il coûte de l'argent.*

En 2015, l'OESC a estimé le coût financier généré par une année de baisse du nombre de chevaux abattus (Dornier, 2015). Lorsque le nombre d'abattages diminue de 17 %, le coût de la retraite des équidés est évalué à 325 millions d'euros, réparti sur onze ans (durée moyenne de la retraite d'un équidé) à charge pour le secteur équin. Les professionnels sont tiraillés entre assurer une *retraite bien méritée* à leurs animaux et les impératifs économiques liés au coût de celle-ci.

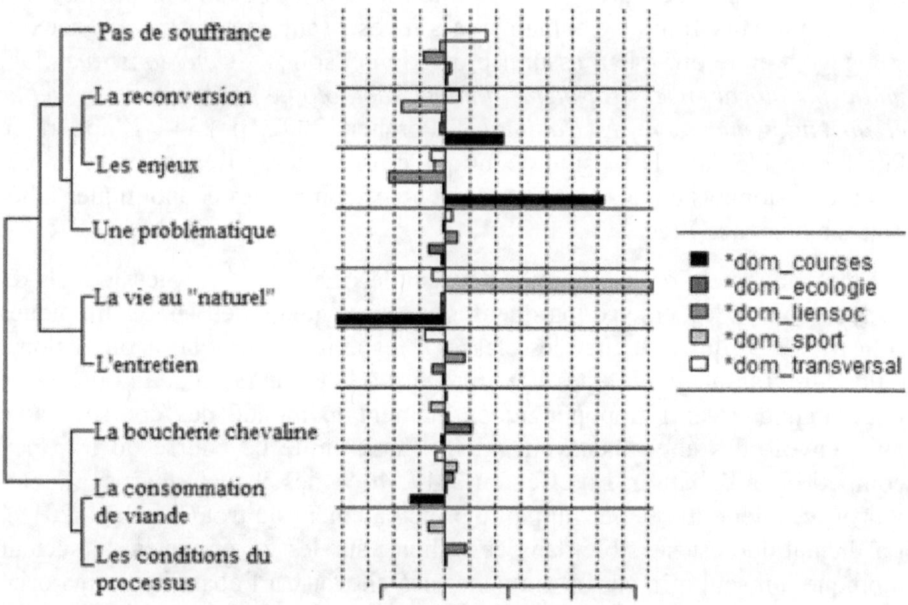

Illustration 5 – **Test statistique du chi2 sur la variable du domaine d'activité**
Source : V. Deneux-Le Barh

---

8 Les citations présentées sont caractérisées et contextualisées par leur variable « domaine » et « lien ».

Les tensions de l'engagement moral des professionnels auprès de leurs animaux

L'esprit du don

Comme dans d'autres systèmes d'élevage, les professionnels ont à cœur d'assurer une sortie du travail digne et reconnaissante de l'engagement de leurs animaux dans le travail (Porcher, 2002).

> *lien_sans *dom_course
> *Alors, la fin de vie effectivement c'est un thème un peu délicat parce que quand on a un cheval qui a fait une belle carrière de course, on n'a pas envie qu'il aille à l'abattoir, y a une espèce de forme de reconnaissance.*

> *lien_direct *dom_ecologie
> *Mes chevaux de travail, je les garde, j'assume leur retraite. Je pars du principe qu'ils ont gagné ma croûte pendant qu'ils étaient capables de bosser, donc c'est à moi de gérer derrière.*

Porcher (2002) mobilise le concept du don maussien et les sociabilités primaires et secondaires de Caillé pour montrer l'implication affective réciproque des humains et des animaux dans leurs relations de vie et de travail. L'affectivité est au cœur de la sociabilité primaire des deux espèces ; au don que les animaux font aux humains en s'investissant dans le travail, ceux-ci s'engagent en retour à leur assurer protection et soins. « *Cela constitue alors un devoir moral envers soi-même, i.e une déontologie par rapport au métier et un engagement envers l'animal* » (Porcher, 2002, p. 254). L'apport de Porcher réside dans la tension déontique qui résulte de l'engagement moral des professionnels envers leurs animaux et les contraintes économiques inhérentes à leurs activités.

Si cet engagement est commun à l'ensemble des groupes professionnels du secteur équin, les enjeux marquent plus le segment des sports hippiques (illustration 5) qui influence les classes « les enjeux » et « la reconversion » du dendrogramme. Cela est à lire en regard à la thématique de la boucherie. Les campagnes anti-hippophagiques blâment le monde des courses parce qu'il envoie des chevaux, ayant atteint l'âge limite de course ou trop peu compétitifs, à l'abattoir. En effet, en 2017, 46 % des chevaux partis à l'abattoir provenaient du secteur hippique principalement du trot (Interbev, 2018). La thématique est sensible dans ce milieu : sur les 25 enquêtés du secteur hippique, un seul m'a confié emmener des chevaux à l'abattoir. La majorité d'entre eux sont des entraîneurs et ne sont pas forcément propriétaires des chevaux. La responsabilité de la mise à la retraite et de la fin de vie est alors déléguée au propriétaire ou au marchand de chevaux pour le secteur des sports et loisirs.

> *lien_direct *dom_course

> *Le propriétaire fait ce qu'il veut de son cheval, mais dans le meilleur des cas, on essaie de les vendre dans des endroits où ils ont une bonne fin de vie.*
>
> *lien_direct * dom_sport
> *À partir du moment où on accepte de louer un cheval, il faut accepter que le marchand en tire bénéfice jusqu'à la fin. On ne peut pas se récrier contre le marchand qui l'emmène peut-être à la boucherie ou pas. Sinon on les achète et on les place, on peut pas avoir deux discours.*

Cependant, soucieux des critiques, le secteur hippique soutient des associations en charge de la reconversion des chevaux de course.

> *lien_sans *dom_course
> *Sur la retraite, en tout cas dans les chevaux de course, c'est un sujet d'actualité et y a plein d'associations qui travaillent à 200 % là-dessus, et qui prouvent que la reconversion dans les chevaux de sports ou des chevaux de loisir marchent bien pour les chevaux de course, donc ça, c'est une bonne chose.*

Comme dans le cas des éleveurs étudiés par Porcher (2002), ceux qui travaillent avec des chevaux expriment leurs relations avec eux en termes d'engagement et non en termes de contrat, car ces relations relèvent moins du droit que des liens affectifs qui soutiennent les rapports de travail. De la même manière, la question du « statut » du cheval ne se pose pas pour eux.

Statut animal de rente ou animal de compagnie, là n'est pas la question

Bien que des questions aient été posées aux enquêtés sur le contexte socioéconomique de leurs relations aux chevaux, le statut juridique du cheval n'apparaît pas dans les préoccupations des interviewés. Les termes « compagnie » et « statut » sont recensés par le logiciel Iramuteq (le terme « rente » ne l'est pas), mais ils n'atteignent pas le seuil de significativité, d'où leur absence dans le dendrogramme. Le discours des professionnels s'inscrit dans le réel du travail en une continuelle série d'interactions, d'ordre négocié et surtout d'affinités. C'est pourquoi, comme pour d'autres secteurs d'élevage étudiés, l'envoi d'un animal de réforme à l'abattoir ne va pas de soi (Porcher, 2020). Néanmoins, face à la réalité des rationalités économiques, ce qui importe aux professionnels, c'est d'assurer de bonnes conditions de sortie du travail à leurs chevaux, dussent-elles passer par l'abattoir. L'évolution de la sensibilité de la société quant aux animaux et la massification de l'équitation conduisent des associations de protection animale ainsi que les associations animalistes à militer pour que le cheval obtienne le statut d'animal de compagnie (Digard, 2008). Pour celles-ci, le non-envoi des chevaux à l'abattoir serait une garantie du respect que les professionnels doivent avoir envers leurs animaux et une reconnaissance des liens affectifs qui existent entre eux. L'opposition entre professionnels et animalistes se joue notamment sur le point du sens moral de nos relations aux animaux. Les entretiens montrent, au contraire, qu'il n'y a pas de contradiction pour les professionnels, entre le développement de liens affectifs forts avec leurs chevaux, leur moralité en acte vis-à-vis d'eux, la reconnaissance de l'engagement de ces derniers dans le travail, et le fait de devoir parfois les envoyer à l'abattoir.

Les pratiques des professionnels quant à la sortie du travail de leurs animaux

Les stratégies de réforme

L'envoi de chevaux à l'abattoir est reconnu et accepté. Ceux qui l'évoquent le plus librement ont souvent des liens indirects ou aucun lien avec les équidés (illustration 4) ; ils travaillent généralement dans les institutions. Pour les autres, il y a une distinction entre les chevaux qui œuvrent avec les humains et l'élevage de chevaux à destination bouchère.

> *lien_direct *dom_sport
> *Je vois pas pourquoi on mangerait les vaches et pas les chevaux, ou les moutons, ou les cochons et pas les chevaux. Par contre, un cheval qui a été travaillé (...) je trouve que c'est un peu dur. Parce que là, c'est pas des chevaux qu'ont été élevés pour ça au départ, le but c'était pas ça.*

Au-delà de la spécificité chevaline, les enquêtés font état de l'importance du respect des animaux dans les conditions de transport et d'abattage.

> *lien_indirect *dom_transversal
> *Après, c'est les conditions dans lesquelles ils sont tués, transportés, tout ça, que ce soit pour les chevaux ou pour les autres animaux, c'est ça qui me dérange.*

Le lexique de la classe « la boucherie chevaline » du dendrogramme présente la sémantique utilisée depuis les années 1950 où l'un des arguments de l'hippophagie est de sauvegarder les races nationales de chevaux de trait.

> *lien_direct *dom_sport
> *Au départ, ça me faisait honte, après, quand on a bien réfléchi à la question, c'est peut-être ce qui a sauvé beaucoup de races et beaucoup d'origines de chevaux ; grâce à la boucherie, on a gardé des chevaux.*

Malgré les études évoquant la nécessité économique d'envoyer des chevaux lourds et des équidés réformés à l'abattoir, la baisse des abattages perdure et les stratégies des professionnels pour assurer une retraite à leurs chevaux se développent. L'important est alors de trouver *une bonne maison*. Quatre stratégies peuvent être recensées.

Tout d'abord, lorsque le professionnel a peu de chevaux, il tend à assurer lui-même la retraite de son partenaire. La deuxième pratique est le recours aux refuges ou aux associations, par exemple pour les services de l'état employant des chevaux, comme les Haras nationaux ou la Garde républicaine.

> *lien_sans *dom_liensoc
> *Donc, il est mis à la retraite, partant de là, ils sont proposés à l'adoption, je crois pour l'euro symbolique. Parfois, c'est le cavalier qui garde son cheval parce qu'il est tellement attaché, y a un tel lien fort entre les deux et si le cavalier a la possibilité en province.*

Pendant longtemps, ces institutions envoyaient leurs chevaux à l'abattoir. Désormais, ils sont placés en association comme celle de Lyne Guéroult pour les chevaux de la Garde républicaine ou ils sont proposés à l'adoption.

À l'instar de ce qui est se développe dans d'autres filières d'élevage, la troisième stratégie est de faire supporter au client final le coût de la retraite des animaux.[9] Dans certains centres équestres comme la société d'équitation de Paris (12), une part de la cotisation annuelle du cavalier est dédiée au financement de la retraite de la cavalerie.
Le dernier type de pratique, le plus évoqué, est le recours aux cavaliers amateurs et de loisirs ; cela peut nécessiter d'accepter de mettre à la retraite un animal rentable afin que le nouveau propriétaire puisse profiter des savoir-faire du cheval tissant alors une relation plus forte.

Une **bonne maison** *et une fin de vie à la hauteur du don*

L'enjeu premier de la mise à la retraite est d'assurer des conditions de vie aux chevaux qui répondent aux impératifs propres à leur espèce (classe « vie au naturel » du dendrogramme). Néanmoins, mettre un cheval du jour au lendemain au pré sans attention est perçu par les professionnels comme de la maltraitance. D'autant que les vieux chevaux nécessitent des soins appropriés et de la surveillance, les interactions humain-cheval doivent donc perdurer.

> *lien_direct *dom_sport
> *(...) pour que nos chevaux qui ont été de bons serviteurs entre 10 et 20 ans, à peu près, ou 15 ans, puissent retrouver une retraite bien méritée. Mais pas en les abandonnant au fond d'un pré en disant « tiens, on va le rendre heureux ! Va je te mets au fin fond d'un pré » non parce que là, il meurt, parce que du jour au lendemain vous lui enlevez tout son univers.*

Plusieurs professionnels disent pratiquer des mises à la retraite progressive jusqu'à ce que le cheval émette des signes de désintérêt pour le travail. D'autres indiquent avoir remis au travail des chevaux qui, selon eux, *déprimaient*.

---

[9] Par exemple, la société Poule House, dont le slogan est « L'œuf qui ne tue pas la poule », augmente le prix des œufs afin d'assurer une retraite aux poules pondeuses lorsque celles-ci deviennent moins productives.

La sortie du travail des animaux suscite des innovations. Sur ce point, le secteur équin semble être en avance sur les autres, car un système de maisons de retraite et de soins gériatriques se développe malgré les incertitudes à long terme de leur fiabilité économique. Pour autant, le nombre d'abandons augmente constamment et semble très majoritairement le fait de particuliers.[10] En 2017, l'OESC recense 6 000 équidés donnés *contre bons soins* dont 35 % avaient plus de 16 ans. La maltraitance par négligence est une inquiétude pour les professionnels qui espèrent trouver la *bonne maison*, mais qui n'ont jamais l'assurance que tout se passera bien pour leurs animaux. Cette crainte de la maltraitance peut légitimer un discours sur l'envoi de chevaux à la boucherie. Celle-ci prend alors le sens d'euthanasie : éviter la souffrance. Il ne s'agit pas de valoriser une viande. En ce sens, l'envoi à l'abattoir découle d'un arrangement moral des professionnels structuré par « *un ordre logique du "moindre mal"* » comme le remarque Mouret (2014, p. 84) en référence à Boltanski. Ce mal nécessaire apparait également dans la justification des euthanasies pratiquées dans les refuges animaliers (Michalon, 2013).

Le second enjeu est de veiller à ce que l'animal ne souffre pas. La classe « pas de souffrance » du dendrogramme est marquée par le discours des vétérinaires (lien_indirect, illustration 4 ; dom_transversal, illustration 5). Au-delà des logiques de soins à apporter aux vieux chevaux, la question de mettre fin rapidement à leurs souffrances fait consensus.

> *lien_indirect *dom_transversal
> *En fin de vie quand ils n'arrivent plus à se lever, en général, on demande l'autorisation d'euthanasier, pour pas qu'ils meurent étalés par terre en attendant que ça arrive (...) dans ce cas-là il vaut mieux abréger sa vie que de le voir mourir en 2-3 jours, en décubitus, tout plein de plaies, d'escarres et dans un état lamentable.*

Quand la retraite et la fin de vie des chevaux mettent celles des humains en abîme

Comme l'a montré Nadia Veyrié (2019), le deuil d'un animal familier fait l'objet d'un rejet social. Pour autant, son analyse des cimetières animaliers d'Asnières et de Caen et des micro-rites funéraires qui s'y pratiquent met au jour la porosité de la mort et du deuil entre humains et animaux. Dans les entretiens que j'ai menés, l'évocation de l'euthanasie du cheval a parfois été mise en écho avec celle de l'humain.

> *lien_sans *dom_liensoc

---

[10] Information obtenue lors d'une discussion informelle avec un membre de la ligue française de protection du cheval lors des Assises de la filière équine en novembre 2019 à Angers.

> *L'idéal serait que chez les chevaux comme chez les hommes, qu'on puisse mettre fin à leur vie d'une manière radicale et indolore à partir du moment où il serait dans la souffrance mentale ou physique.*

> *lien_direct *dom_courses
> *Y a des moyens de les euthanasier sans qu'ils souffrent, puis c'est immédiat. J'ai déjà assisté, moi, des chevaux là, prêts à mourir, enfin qui sont au lit, qui sont, c'est fini, ils ont 30 ans [...].*

> *lien_direct *dom_sport
> *C'est dommage que pour l'homme, l'euthanasie n'existe pas, parce que c'est quand même le pire du pire d'être en très, très mauvaise santé et de se voir partir comme ça. Donc pour moi, forcément l'euthanasie chez un cheval, à partir du moment où y a un gros, gros problème, c'est obligé, c'est même pas à réfléchir.*

Le discours des enquêtés met au jour la centralité de l'affectivité dans la relation et en quoi la sortie du travail de leurs animaux peut faire écho à la leur. Les relations de travail créent une forte proximité entre les individus ; dès lors qu'il soit humain ou équin, le collaborateur est avant tout l'autre. L'autre qui participe à la construction du moi. En ce sens, la dialectique de l'altérité (la *mêmeté* et l'empathie) est un éveil à sa propre humanité, car « *la reconnaissance de l'État mental d'Autrui permet d'opérer une inférence identificatoire qui pose la question du semblable et qui définit le processus psychique humain* » (do Céu Alves, Bourdet-Loubère, 2016, p. 126). Quand les professionnels expliquent qu'il faut mettre les chevaux à la retraite progressivement afin qu'ils *ne dépriment* pas et qu'il est important de maintenir du lien, cela renvoie sans doute à la gestion de la retraite humaine qui pour certains peut être source d'une grande violence du fait de la perte d'une temporalité rythmée par le travail et surtout la perte de l'utilité (Helson, 2010 ; Talpin, 2017). Il semble que l'inférence identificatoire soit encore plus marquée lorsque la question de la fin de vie est abordée. L'injonction de l'hédonisme, dans les sociétés néolibérales postmodernes, confisque la question la mort (do Céu Alves, Bourdet-Loubère, 2016), du moins la cache. Du fait que les animaux domestiques vivent moins longtemps que nous, vivre avec eux, nous obligent à être confrontés de manière plus ou moins récurrente à leur mort et donc de comprendre que « *l'autre s'il* est *actuellement, n'a pas vocation à* être *toujours* » (Chabert, 2016, p. 40). C'est également faire l'expérience que la *belle mort* est exceptionnelle et que la *bonne mort* peut passer par l'euthanasie ou l'abattage. En cela, la fin de vie des chevaux et plus largement d'animaux familiers est l'expérience d'un *memento mori*, souviens-toi que tu vas mourir ! L'altérité animale interroge l'identité humaine des professionnels.

*****

L'objectif de cet article était de montrer qu'au-delà de données statistiques, d'appareillages juridiques ou encore d'injonctions « éthiques », la sortie du travail des équidés et leur mort sont prégnantes dans les représentations que les professionnels ont de leurs relations avec les chevaux et que leur envoi à l'abattoir n'est pas une évidence. Parce que les équidés s'engagent subjectivement dans leur travail avec les humains, il est du devoir de ces derniers de leur assurer une bonne retraite et fin de vie dût-elle passer en dernier recours par l'abattoir afin de leur épargner des formes de maltraitance. Il s'agit pour les professionnels de trouver l'équilibre entre leur affectivité pour leurs équidés – qui est la rationalité première présidant aux relations de vie et de travail entre humains et animaux – et la rationalité économique. Ce souci d'une bonne fin de vie des chevaux engendre différentes stratégies de mises en œuvre.

Bien que le cheval apparaisse souvent dans les travaux de recherche en SHS comme un animal particulier – renvoyant peut-être à un *habitus distinctif* – les questions quant à sa sortie du travail et la gestion de celle-ci renvoient à des préoccupations communes avec l'élevage, les activités cynophiles, le devenir des animaux de laboratoire, etc. Dans ces secteurs, la fin de vie et la sortie du travail des animaux deviennent des enjeux de plus en plus pris au sérieux. L'élimination pure et simple des animaux n'étant plus utiles semble une solution en recul, au profit de reconversion ou de mise à la retraite[11]. Plus qu'une question de statut juridique de l'animal, il n'est pas déraisonnable d'y voir qu'une part grandissante de ceux qui travaillent avec des animaux critique l'injonction à la rationalité économique prônée notamment par l'industrie des productions animales.

BIBLIOGRAPHIE

BECKER Howard S., 1985, *Outsiders. Sociologie de la déviance*, Paris, Métailié, 247 p.

CGAAER, 2014, *Modalités pour financer le coût de l'équarrissage au sein du secteur équin*, rapport n° 14059 établi par Vardon J. et Perez E., 33 p.

CHABERT Anne-Lyse, 2016 « La mort au cœur de la vie, est-ce ainsi que les hommes meurent ? Ce que nous enseignent les débats actuels sur l'euthanasie », *Études sur la mort*, n° 150, p. 35-51.

[11] C'est dans cette perspective, que le projet de recherche EXIT (Sortie des animaux du travail et santé), financé par le métaprogramme SANBA de l'INRAE, a débuté en 2021. Ce projet repose sur une approche interdisciplinaire (sociologie, économie, éthologie, sciences vétérinaires) et comparative avec l'étude de quatre cas d'espèce : chevaux, poules pondeuses, ruminants laitiers, animaux de laboratoire. Les objectifs du projet sont de comprendre les enjeux, les conditions et les conséquences relatifs à la sortie des animaux du travail.

DENEUX Vanina, 2015, *Le statut du cheval dans la politique européenne : les questions du bien-être et de la fin de vie*, mémoire de master professionnel, 74 p.

DIGARD Jean Pierre, 2008, *Le cheval dans la tourmente des mutations sociales et culturelles au XXIe siècle*, Conférence prononcée devant l'assemblée générale de la Fédération Nationale du cheval à l'occasion de ses 60 ans, Paris, 10 p.

DIGARD Jean Pierre, 2007, *Une histoire du cheval. Art, techniques, société.* Arles, Actes Sud, 304 p.

DO CÉU ALVES Maria, BOURDET-LOUBÈRE Sylvie, 2016, « Limiter les dysthanasies par la subjectivation du mourir : la mort postmoderne et la relation humanisante » *Études sur la mort*, n° 150, p. 125-134.

DORNIER Xavier, 2019, *Combien d'équidés en France ?* IFCE, OESC, note de juillet 2019, 4 p.

DORNIER Xavier, 2015, « Fin de vie : les tendances en termes de pratiques et leurs impacts économiques », *8e journée du Réseau Économique de la Filière Equine*, 23 avril 2015.

FRANCEAGRIMER, 2015, « La production de viande chevaline en France de 1950 à aujourd'hui », *Les synthèses de FranceAgrimer*, n° 20, 12 p.

HELSON Christian, 2010, « Âge subjectif, anticipation et sentiment d'utilité lors du passage vers la retraite », *Le journal des psychologues*, n ° 282, p. 28-32.

HEYDEMANN Pascale, 2019, *La viande chevaline en France*, IFCE, OESC, note de novembre 2019, 6 p.

IFCE, 2019, *Annuaire ECUS. Bilan statistique de la filière équine française, données 2018/2019*, Le Pin au Haras.

INTERBEV, 2018, *L'essentiel de la filière équine française*, 17 p.

LETEUX Sylvain, 2005, « L'hippophagie en France. La difficile acceptation d'une viande honteuse », *Terrains et travaux,* n° 9, p. 143-158.

LIZET Bernadette, 2010, « Le cheval français en morceaux. Statut de l'animal, statut de sa viande », *Anthropozoologica*, n° 45, p. 137-148.

MARTY Emmanuel, MARCHAND Pierre, RATINAUD Pierre, 2013, « Les médias et l'opinion : éléments théoriques et méthodologiques pour une analyse du débat sur l'identité nationale », *Bulletin de Méthodologie Sociologique*, 117 (1), p. 46–60.

MICHALON Jérôme, 2013, « Fabriquer l'animal de compagnie ? Ethnographie d'un refuge SPA », *Sociologie*, 2013|2, vol. 4, p. 47-66.

MOURET Sébastien, 2014, « L'euthanasie des animaux d'élevage : un arrangement moral », *Études sur la mort*, n° 145, p. 83-95.

POPLIN François, 1992, « Le cheval, viande honteuse », *Ethnozootechnie*, n° 48, p. 23-34.

PORCHER Jocelyne, 2020, « Les alternatives aux abattoirs industriels », *Études*, n° 4268, p. 31–39.

PORCHER Jocelyne, 2017, « Animal work » in Kalof Linda (ed.), *The Oxford handbook of animals studies*, New York, Oxford University press, p. 302–316.

PORCHER Jocelyne, 2014, « The work of animals: a challenge for the social sciences », *Humanimalia*, vol. 6, n° 1, 9 p.

PORCHER Jocelyne, 2002, « L'esprit du don : archaïsme ou modernité de l'élevage ? Éléments pour une réflexion sur la place des animaux d'élevage dans le lien social », *Revue du MAUSS*, n° 20, p 245-262.

PORCHER Jocelyne, ESTEBANEZ Jean (ed.), 2019 *Animal labor. A new perspective on human-animal relations*. Transcript Verlag, 200 p.

RATINAUD Pierre, MARCHAND Pierre, 2015, « Des mondes lexicaux aux représentations sociales. Une première approche des thématiques dans les débats à l'Assemblée nationale (1998-2014) », *Mots. Les langages du politique*, n° 108, p. 57-77.

RÉGNIER Patrice, HÉAS Stéphane, 2020, « Prolégomènes à une analyse des points de vue antispécistes et véganes », *L'homme et la société,* n° 210, p. 137-164.

ROCHE Daniel, 2015, *Histoire de la culture équestre XVIe-XIXe siècle. Tome 3 : connaissance et passion.* Paris, Fayard, 496 p.

TALPIN Jean-Marc, « La retraite ou la négativité du travail », *Nouvelle revue de psychologie*, n° 23, p. 83-95.

TRAÏNI Christophe, 2011, *La cause animale. 1820-1980, essai de sociologie historique*, Paris, PUF, 2011, 234 p.

VEYRIÉ Nadia, 2019, « Cimetières pour les animaux de compagnie et micro-rites funéraires. Quelles frontières entre humains et animaux ? », *L'Homme & la Société*, n° 210, p. 85-105.

WORLD HORSE WELFARE, EUROGROUP FOR ANIMALS, 2015, *Removing the Blinkers: the Health and Welfare of European Equidae in 2015*, Bruxelles, 122 p.

Sitographie

1. https://www.youtube.com/watch ?v =w5WemT42h0Q, consulté le 04/09/2020.

2. http://www.jenemangepasdecheval.com/30-ans-de-combat/, consulté le 04/09/2020.

3. Sondage 2005 : https://www.ipsos.com/fr-fr/les-animaux-preferes-des-francais, consulté le 04/09/2020.

Sondage 2017 : https://www.bva-group.com/sondages/francais-nature-animaux-2/, consulté le 04/09/2020.

4. http://www.jenemangepasdecheval.com/la-plus-noble-conquete-de-lhomme-ne-doit-plus-finir-dans-une-assiette/, consulté le 04/09/2020.

5. https://www.ifce.fr/ifce/connaissances/statistiques-et-donnees/, consulté le 04/09/2020.

6. https://eur-lex.europa.eu/, consulté le 04/09/2020.

7. https://www.ifce.fr/ifce/sire-demarches/fin-de-vie/mort/, consulté le 04/09/2020.

8. http://www.assemblee-nationale.fr/13/propositions/pion2361.asp, consulté le 04/09/2020.

http://www.assemblee-nationale.fr/14/propositions/pion1191.asp, consulté le 04/09/2020.

http://www.assemblee-nationale.fr/dyn/15/textes/l15b0828_proposition-loi, consulté le 04/09/2020.

9. https://www.senat.fr/questions/base/2019/qSEQ190309516.html, consulté le 04/09/2020.

10. https://www.ifce.fr/document/tarifs-equarrissage/, consulté le 04/09/2020.

11. https://www.horsia.fr/tarifs, consulté le 04/09/2020.

12. https://www.equitation-paris.com/equidepart, consulté le 04/09/2020.

« TUER EN TROIS ÉTAPES » : TRAJECTOIRE DE NORMALISATION DE LA CHASSE AUX PHOQUES CANADIENNE FACE À LA CAUSE ANIMALE ET AUX ADAPTATIONS LOCALES

"Killing in three steps" : standardization trajectory of Canadian seal hunt facing animal welfare and local adaptations

Gaëlle RONSIN
Centre Alexandre Koyré, EHESS
gaelle.ronsin@gmail.com

Nathalie LEWIS
Université du Québec à Rimouski (UQAR)

Geneviève BRISSON
Université du Québec à Rimouski (UQAR)

Résumé : La chasse aux phoques commerciale canadienne est sujette à controverse depuis soixante ans. Les débats ont principalement porté sur la souffrance des phoques lors de la mise à mort. Face aux critiques, une série de réglementations se sont imposées à partir des années 1970 au Canada afin d'encadrer cette activité cynégétique, qui devient « la chasse la plus surveillée au monde ». À partir d'une enquête de terrain réalisée aux Îles-de-la-Madeleine (Québec), cet article met en discussion la trajectoire de normalisation de la chasse aux phoques dans ses implications locales et ses renégociations à travers le temps. Le cadre législatif globalisé du bien-être animal adopté durant la période où naît la controverse de la chasse aux phoques a cadré les pratiques et techniques de chasse, sans toujours correspondre aux observations de terrain. Au-delà de la mort, les connaissances scientifiques ont, à partir des années 2000, centré le débat sur les indices de souffrance et d'(in)conscience de l'animal. Des protocoles ont été adoptés, exigeant que les chasseurs pratiquent un « abattage en trois étapes ». La trajectoire de normalisation de cette chasse entre alors en résonance avec celle qu'ont connue les abattoirs pour les animaux domestiques. Depuis peu, les changements environnementaux locaux transforment la répartition des espèces de phoque dans cette région et l'attention qui leur ait porté. Ceci modifie alors la façon de pratiquer cette mise à mort, et questionne, à nouveau, l'adéquation des normes.

Mot-clés : phoques, normes, chasse aux phoques commerciale canadienne, bien-être animal, blanchons, changements climatiques, Îles-de-la-Madeleine

Abstract : *Canadian commercial seal hunt has been controversial for sixty years. Much of the debate has focused on the suffering of seals during their killing. Due to several condemnations, a series of regulations have been imposed in Canada since the 1970s to regulate this activity, which has become "the most closely monitored hunt in the world". Based on a field survey carried out in the Magdalen Islands (Quebec), this article discusses the trajectory of seal hunting standardization in its local implications and its renegotiations over time. The globalized animal welfare* *legislative framework, adopted during the period when the seal hunt controversy arose, has framed hunting practices and techniques, without always corresponding to field observations. Beyond the death, during the 2000s, scientific knowledge has centred the debate on the signs of suffering and (in)consciousness of the animal. Protocols were adopted: hunters must carry out a "three-stage slaughter". Thus, the path of normalization of this hunt resonates with the path taken by slaughter-houses for domestic animals. Recently, local environmental changes and the pluralization of animals in this environment, are transforming the way in which this killing is practiced, and are, once again, questioning the adequacy of standards.*

Keywords : *seals, norms, Canadian commercial seal hunt, animal welfare, whitecoats, climate changes, Magdalen Islands*

INTRODUCTION

La chasse aux phoques commerciale canadienne est sujette à controverse depuis soixante ans (Lowe, 2008). Les débats ont principalement porté sur la souffrance des phoques lors des chasses, les méthodes de mise à mort, l'encadrement juridique de ces pratiques et le bien-fondé de la commercialisation de produits dérivés de ces animaux sauvages. Dans le fleuve et le golfe du Saint-Laurent, trois espèces de phoques – (phoque gris (*Halichoerus grypus*), phoque du Groenland (*Pagophilus groenlandicus*) et dans une moindre mesure phoque commun (*Phoca vitulina*) – furent d'abord chassées pour leur graisse, ressource à forte valeur marchande, puis pour leur cuir et leur fourrure (Chaussade, 1975). Mais au XXe siècle, seul le phoque du Groenland fait l'objet d'une exploitation commerciale[1], principalement pour sa peau et sa fourrure qui ont alimenté les marchés du prêt-à-porter de luxe européen et nord-américain jusque dans les années 2000. Cette espèce migratrice peuple durant l'hiver le Golfe du Saint-Laurent, les abords de Terre-Neuve et de l'archipel des Îles-de-la-Madeleine (figure 1). C'est autour d'elle, et plus particulièrement de son blanchon – nom donné au jeune avant sa mue, surnommé aussi « bébé phoque » – que se sont forgé les termes du débat, les discours et leurs cadrages.

[1] Au Québec, le terme de « chasse commerciale » est employé pour la différencier de deux autres types : (1) la chasse dite de « subsistance » ou récréative qui grâce à un permis spécifique permet de capturer six phoques par an destinés à une consommation personnelle et qui ne peuvent être vendus ; (2) la chasse « autochtone », qui se déploie sur d'autres territoires et dans une autre cosmologie incluant, de fait, d'autres normes sociales, culturelles et politiques, et qui n'est pas l'objet de cet article.

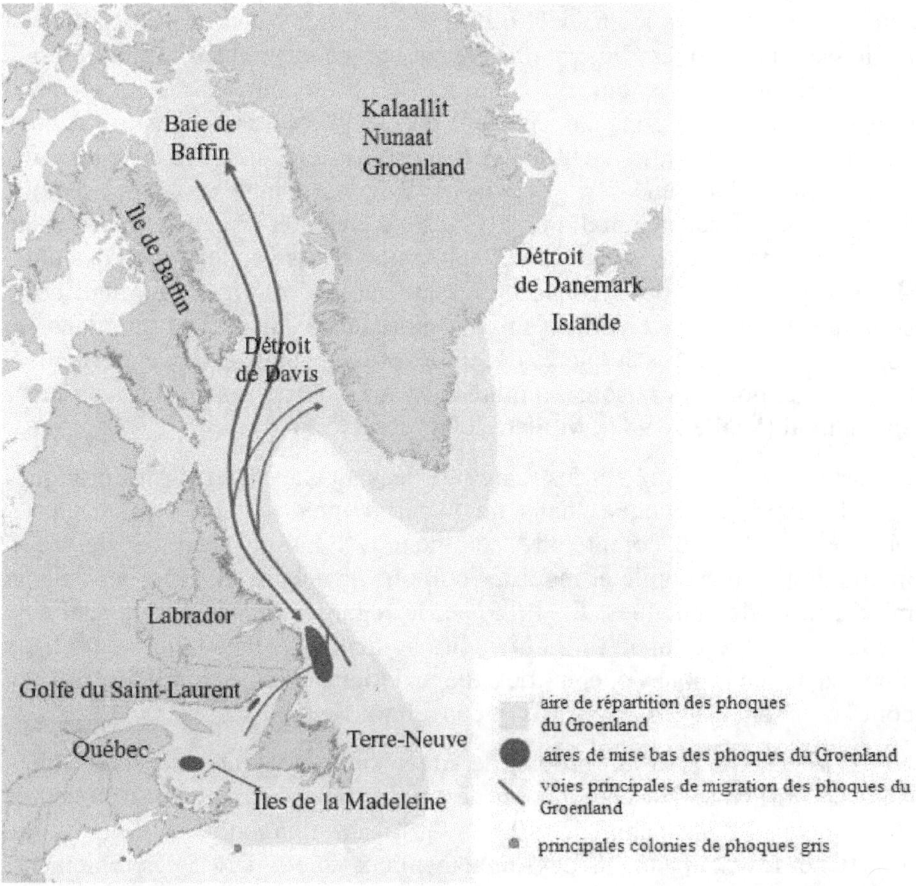

Figure 1 – **Schéma de localisation des phoques et de leurs aires géographiques dans l'Est du Canada** (issu et adapté du site internet de Pêches et Océans Canada)

Réputée « cruelle » et porteuse d'images spectaculaires[2], cette chasse est un cas, qui par sa situation unique, permet de situer d'autres contextes de mise à mort d'animaux. Comme dans d'autres milieux cynégétiques (Goreau-Ponceau et Lemoigne, 2017; Mounet et Chanteloup, 2019), elle fait face à l'injonction depuis les années 1960 de la préservation du bien-être animal, notion complexe et multidimensionnelle (Mounaix et Terlouw, 2013). Cet article porte sur la façon dont, dans ce contexte, l'encadrement de l'acte de tuer des phoques et la recherche de la diminution des souffrances se sont au fur et à mesure érigés en norme (Clark, 1997). Nous entendons par là le travail de cadrage et de formalisation du social, mais aussi la définition sociologique de connaissances, de dispositifs et d'usages pour les

[2] La visibilité de la mise à mort des phoques est forte : elle se déroule habituellement en plein air, sur la banquise, donnant lieu à des images rouges et blanches spectaculaires.

acteurs dans leur quotidien. À la différence d'autres situations cynégétiques, la chasse aux phoques s'inscrit dans le commerce et l'industrialisation d'une « ressource » naturelle qui ont conduit, au fil des années, à multiplier les règles et dispositifs pour jauger des « bons » procédés pour mettre à mort l'animal, à l'instar des abattoirs. La mort devient, nous le verrons, une unique étape dans une série de dispositifs plus complexes (par exemple, autour de la conscience de l'animal) visant à encadrer l'abattage. Se dessine alors l'hypothèse que, même s'il s'agit d'une chasse concernant un animal sauvage, l'abattage des phoques a connu une trajectoire de normalisation similaire à celle concernant la mise à mort du bétail domestique dans les abattoirs - soumise ces dernières décennies à une technicisation et normalisation accrue, pour des raisons sanitaires et pour d'autres raisons liées au bien-être animal (Vialles, 1987 ; Muller, 2008 ; Rémy, 2009).

Cet article se concentre sur les règles édifiées au Canada et sur les pratiques des chasseurs de phoques dans un territoire précis, celui des Îles-de-la-Madeleine, afin de comprendre comment des normes pensées de façon internationale ont régulé et modifié (ou non) les façons de procéder dans la mise à mort des phoques. En filigrane, le regard des chasseurs madelinots sur la montée de l'impératif du bien-être animal, et la façon dont les acteurs s'en saisissent pour opérer des négociations permettront d'offrir un contrepoint situé à des dispositifs et conceptions globalisantes.

Nous proposons, pour cet article, de situer chronologiquement cette trajectoire de normalisation en fonction de trois référentiels qui l'ont alimentée (tableau 1) : la cause animale (1970-1990), l'information scientifique (2000 à 2010) et les changements environnementaux (2010-2020). Les règlements sur la chasse aux phoques ont concerné certaines pratiques dont le récit que nous en faisons met en évidence leur inadéquation face aux situations concrètes ou en changement. L'accent mis sur le bien-être et la souffrance animale, dans les années 1970, a eu pour conséquence l'invisibilisation d'autres pratiques en regroupant les phoques sous l'unique représentation du « bébé phoque », jusqu'à faire oublier la multiplicité d'espèces et de populations qui existent et la diversité des relations qui les unissent aux humains. L'analyse des deux dernières décennies (2000-2020), moins connues, qui sera au cœur de cet article, montre que les changements environnementaux et les mutations induites dans la chasse aux phoques ont rendu visible l'hétérogénéité des situations locales.

Premièrement, après avoir situé l'enquête de terrain menée, nous examinerons comment la controverse autour de la chasse aux phoques commencée dans les années 1970 a conduit à faire de cette pratique cynégétique l'une des plus réglementée et surveillée au monde. Deuxièmement, nous analyserons la façon dont, durant les deux dernières décennies, la normalisation de la chasse aux phoques s'est à nouveau approfondie, pour exiger, à partir de données scientifiques de plus en plus étayées, une mise à mort « en trois étapes ». En scrutant ses implications locales, nous verrons enfin que les effets de plus en plus perceptibles des changements climatiques dans cette région entraînent, en parallèle, la renégociation des méthodes, signes et étapes de la mise à mort.

1950 à 1970 : la population de phoques du Groenland du nord-est de l'Atlantique diminue de 50 % 1964 : diffusion de l'émission Les Grands Phoques de la banquise - Radio Canada mettant en scène pour la première fois la chasse aux phoques du Groenland 1965 : création du fonds « Sauvons les phoques » (Save the Seals Fund) de la Société pour la prévention de la cruauté envers les animaux du Nouveau-Brunswick (SPCA) et 1967 : la SPCA lance une campagne contre la chasse aux « bébés phoques » 1968 : une du Daily Mirror « The price of Sealskin Coat » 1969 : création de IFAW (Fonds international pour la protection des animaux) 21 février 1969 : couverture de Paris Match « Sauvons les bébés-phoques » 1970 : création du regroupement des chasseurs madelinots, devenu ensuite ACPIQ (Association des chasseurs de phoques entra-Québec) 1971 : le Canada impose les premiers quotas sur la chasse aux phoques (« taux autorisés de capture ») 1971 : création de Greenpeace qui s'engage contre la chasse aux phoques en 1976 1972 : les États-Unis adoptent le « Marine Mammal Protection Act » interdisant l'importation sur leur territoire, des sous-produits du phoque et d'autres mammifères marins 1977 : grande opération de Greenpeace contre la chasse aux phoques canadiennes avec la mobilisation de Brigitte Bardot et Yvette Minnieux 1977 : Giscard d'Estaing interdit l'importation de peaux de phoques en France 1977 : instauration d'un permis d'observation de la chasse aux phoques Années 1980 : le marché de la fourrure s'effondre 1981 : création de Sea Shepered aux États-Unis Novembre 1982 : le Parlement européen interdit l'importation de peaux de blanchons provenant du Canada (mesure temporaire puis permanente en 1983) 1990 : fin du programme de « prime à la mâchoire » pour les phoques gris 1986 : mise en place de la « Commission royale sur les phoques et l'industrie de la chasse au phoque au Canada » 1987 : le Canada adopte le Règlement sur les Mammifères Marins (RMM) et interdit la chasse aux blanchons	Campagnes de « la cause animale » et normalisation de la chasse par le droit

2001 : publication du rapport vétérinaire missionnée par IFAW « Veterinary Report on Canadian Commercial Seal Hunt » 2004 : début de la transformation et commercialisation de la viande de phoque aux Îles-de-la-Madeleine 2005 : publication du rapport du Groupe de travail de vétérinaires indépendants sur la chasse aux phoques du Groenland au Canada : « Amélioration des méthodes d'abattage sans cruauté des phoques du Groenland au Canada » 2008 : dernière intervention de Sea Shepered dans les eaux canadiennes contre la chasse aux phoques 2009 : modification du RMM : adoption de l'abattage en trois étapes ; formation obligatoire pour les chasseurs Mai 2009 : le Parlement européen interdit le commerce et l'importation de peaux et d'autres produits dérivés du phoque dans l'Union européenne (sauf chasse dite autochtone)	Normalisation de l'abattage par les expertises
Années 2010 : chasse aux phoques du Groenland au Québec devient très aléatoire 2014 : début des chasses commerciales aux phoques gris 2016 : plus aucun quota" taux autorisé de capture" n'est fixé pour le phoque du Groenland 2020 : expertise mt une nouvelle méthode de saignée adaptée aux phoques gris	Changements environnementaux et modification des animaux chassés – vers une normalisation localisée ?

Tableau 1 – **Frise chronologique de la normalisation de la chasse aux phoques commerciale au Québec** (Canada). Auteur : G. Ronsin.

LA NORMALISATION JURIDIQUE DE LA CHASSE AUX PHOQUES ET DE SES TECHNIQUES FACE À LA CAUSE ANIMALE

Matériaux d'enquête et positionnement dans la littérature

Les travaux en anthropologie sur la chasse aux phoques canadienne ont majoritairement porté sur l'étude des pratiques des peuples autochtones, Inuits et Innus, et les effets de la controverse sur l'économie et la culture de ces communautés (Wenzel, 1991). La connaissance en sciences sociales sur la chasse aux phoques des communautés côtières non autochtones reste, elle, cantonnée à la compréhension des différends juridiques, commerciaux (Barry, 2005), moraux (Linzey, 2006 ; Panaccio, 1979) et médiatiques (Lowe, 2008) et ce, quasi uniquement à l'échelle internationale. Il existe peu de récits et de descriptions récentes des pratiques et représentations de ceux et celles qui vivent avec les phoques dans l'Est du Canada (Sellheim, 2015 ; Geistdoerfer, 1987 ; Wright, 1983).

Les travaux ethnographiques à Terre-Neuve ou aux Îles-de-la-Madeleine sont rares, en raison, certainement, d'un terrain relativement difficile d'accès. Jusqu'aux années 2000, des journalistes ou des militants de la cause animale peuvent s'infiltrer dans des groupes de chasseurs et les communautés sont méfiantes. Les récits (documentaires, journalistiques ou photographiques) ancrés dans ce milieu proviennent principalement d'hommes pratiquant la chasse et/ou tenant un rôle de membre d'équipage à bord des bateaux (Lévesque, 2018 ; Menge, 2016 ; Noseworthy, 2010).

Afin de réactualiser la connaissance, une enquête menée entre mars 2019 et mars 2020 s'est intéressée aux nouveaux enjeux de la chasse aux phoques en s'appuyant sur une recherche de terrain aux Îles-de-la-Madeleine[3]. Cet archipel est en effet le lieu de résidence principal des chasseurs commerciaux de phoques du Québec (figure 1). Même si le volume d'animaux abattus et transformés est moins important qu'à Terre-Neuve et concerne de fait moins de personnes ou de structures, la chasse aux phoques est ancrée dans l'histoire et la culture locale des Îles (Geistdoerfer, 1987). Malgré les difficultés rencontrées depuis la seconde moitié du XXe siècle, cette chasse commerciale aux phoques est considérée comme « une activité complémentaire » (Giroux-Works, 2017 ; Pêches et Océans Canada, 2011) qui perdure durant les saisons où la pêche, activité principale, n'est pas possible[4].

Les informations sur les pratiques de chasse commerciale, la construction des normes et leur réception ont été récoltées à partir de sources variées, centrées sur le milieu cynégétique :

- Une ethnographie réalisée aux Îles-de-la-Madeleine par l'immersion dans la vie locale et la conduite d'observations (milieu de la pêche, milieu de la viande, milieu touristique, réseaux sociaux, réunions) durant cinq mois entre mars 2019 et mars 2020, au cours de trois séjours de terrain. Deux sessions de formation des chasseurs de phoques (« cours d'abattage en trois étapes » obligatoire pour demander un permis de chasse, voir *infra*) ont été observées en avril 2019 ;

[3] L'accès au terrain a été facilité par la construction d'un partenariat avec des instituts scientifiques et techniques sur les pêches possédant des stations aux Îles-de-la-Madeleine : Merinov (Centre d'innovation de l'aquaculture et des pêches du Québec) et le CERMIM (Centre de recherche sur les milieux insulaires et maritimes), que nous remercions, ainsi que tous les participants à cette recherche. Ce projet a été financé par le Fonds d'amorçage de partenariat (FAP) UQAR-Merinov et Mitacs-Accélération ainsi que par Merinov et les fonds spéciaux de recherche de l'UQAR. Nous remercions également les différents relecteurs de cet article.

[4] Le nombre de personnes employées par ce secteur aux Îles est difficile à établir. L'archipel compte 12 000 habitants à l'année. Un vivier d'une vingtaine de chasseurs seulement forme les *escouades* commerciales aux Îles durant la saison de chasse (en l'hiver, au début de l'été avant la saison touristique ou à l'automne). À temps plein, peu de personnes dépendent uniquement de la ressource des phoques pour vivre (artisanat, associations, organismes culturels, entreprises de transformation de la viande et export).

- Une analyse des documents officiels (lois, règlements, programmes et plans, etc.) pour identifier les normes et les acteurs dans ce secteur et leurs évolutions ;
- Le dépouillement des archives de l'association des chasseurs de phoques intra-Québec (ACPIQ, l'ex-association des chasseurs de phoques des Îles-de-la-Madeleine) et l'observation de plusieurs réunions de cette association dont l'assemblée générale de 2019 ;
- Vingt-huit entretiens compréhensifs avec les acteurs liés aux phoques aux Îles-de-la-Madeleine et au Québec, selon la répartition présentée dans le tableau suivant.

Type d'acteurs	Nombre d'entretiens réalisés
Acteurs économiques (chasseurs, pêcheurs, entrepreneurs, etc.)	9
Acteurs institutionnels (fédéral, provincial, de divers secteurs)	8
Acteurs associatifs, scientifiques ou artistes	8
Acteurs politiques (maire, député, etc.)	3

Tableau 2 – **Répartition des entretiens réalisés**

Un « abattage cruel et sanguinaire » : la déferlante médiatique et militante – d'une morale à une norme

La question de savoir comment « bien » abattre un phoque traverse les décennies. C'est le reportage *Les grands phoques de la banquise* narré par l'animateur Serge Deyglun et produit pour la chaîne de télévision de Radio Canada qui dénonce le premier, en 1964, des « *méthodes d'abattage cruelles et sanguinaires* ». Il met en image, pour la première fois, les chasseurs de phoques des Îles-de-la-Madeleine (Québec, Canada) et leurs pratiques en décrivant, par une voix off, « *les tueurs de la banquise responsables des grandes hécatombes et de la disparition probable des derniers phoques* ». Des techniques spectaculaires, comme l'écorchage vif d'un blanchon, sont filmées, dans des conditions encore source à polémique[5]. Les Madelinots considèrent avoir été dépeints comme des « *barbares* » alors que « *personne n'avait avantage à chasser de cette façon, c'est insensé* » (extraits carnet de terrain, Îles-de-la-Madeleine, mars 2019, festival « le rendez-vous loup-marin »).

Ce reportage fait un tollé. Dans les années suivantes, des opérations de communication, d'information, voire de désinformation (Beylier, 2012) se succèdent dans le monde occidental. En 1967, une première campagne

[5] Le chasseur à l'origine de ce geste affirme quelques années plus tard que les producteurs l'ont payé pour l'accomplir ; ce que les Madelinots soutiennent toujours largement aujourd'hui.

« Sauvons les phoques » est lancée par des militants du New-Brunswick[6] (Canada). Ces derniers invoquent des substantifs rappelant, comme le souligne A. Danto (Danto *et al.*, 2020), la proximité, physique comme sociale, des phoques et surtout des blanchons avec l'homme : « *sur la banquise, c'est un animal, à l'écran, c'est plus que l'animal. C'est le regard de l'enfance, c'est la blancheur de l'innocence, tout ce qui inspire la compassion* » (extrait d'une émission radiophonique avec un militant de la SPCA, *Radio Canada*, 18 avril 1967). Les médias nord-américains et européens se saisissent amplement du sujet. Le journal anglais *Daily Mirror* affiche à sa une « The price of a Sealskin Coat » avec la photographie d'un chasseur s'apprêtant à frapper la tête d'un phoque à l'aide d'un gourdin le 26 mars 1968 (figure 2) ; *Paris Match* le 1er février 1969 publie une couverture, désormais célèbre, avec le mot d'ordre « Sauvons les bébés phoques » (figure 3). Les organisations internationales déploient un argumentaire moral (Sellheim, 2015) et mobilisent des célébrités. Parmi elles, Brigitte Bardot lance en 1976 un appel en faveur de « la protection des bébés phoques » puis est invitée l'année suivante par Greenpeace au large de Terre-Neuve pour poser en photo avec les banchons sur la banquise. Les campagnes anti-chasse aux phoques se succèdent jusqu'à la fin du XXe siècle (Guevara, 2008). Cette mobilisation est à l'origine de grands mouvements de défense de la cause animale encore actifs de nos jours, telle que l'organisation non gouvernementale IFAW (International Fund for Animal Welfare) créée par le Canadien Brian Davies, dont la mission initiale fut la protection des phoques, comme le rappelle toujours aujourd'hui son logo.

L'argumentaire de ces divers acteurs anti-chasse se déploie sur un double registre, l'un écologique (en rapport avec le nombre de phoques), le second relatif au bien-être animal (et leur souffrance).

Le ministère Pêches et Océans Canada estime la population de phoques du Groenland à une moyenne qui varie possiblement de 7 à 15 millions d'animaux au début des années 1800. Mais, en raison de l'intensité de la chasse industrielle de l'après-guerre et sa faible régulation, le nombre de phoques du Groenland du nord-est de l'Atlantique diminue de 50 % entre les années 1950 à 1970 (Pêches et Océans Canada, 2009). La population n'atteignait plus que deux millions d'animaux au début des années 1970 et était présentée comme menacée par les acteurs environnementaux (Bougrain-Dubourg, 1978). Poussés par les protestations et les boycotts, les gouvernements fédéraux et provinciaux ont entrepris de réglementer cette activité à partir des années 1960, pour en premier lieu protéger les populations de phoques du Groenland qui atteignaient alors des niveaux très bas. Des outils de

[6] Issus de la SPCA « Société pour la prévention de la cruauté envers les animaux du Nouveau-Brunswick » créée en 1881.

contrôle sont mis en place pour surveiller les prises : en 1971, le Canada instaure les premiers quotas de chasse (les « taux autorisés de capture »).

Figure 2 –
Une du *Daily Mirror*, 26 mars 1968

Grâce à cette régulation, la population de phoques du Groenland connaît une croissance particulièrement rapide : le troupeau passe de 2 à 7 millions d'individus en trente ans. La préservation de cette « ressource » n'est alors plus préoccupante pour les autorités canadiennes tout comme pour les scientifiques ou les chasseurs. Depuis 2016 plus aucun seuil de capture pour la chasse aux phoques du Groenland n'est d'ailleurs fixé par Pêches et Océans[7].

Le deuxième registre d'argumentation porte sur la souffrance engendrée par la chasse commerciale. La mise à mort des phoques est continuellement qualifiée d'« *inhumaine* » (Dorsey, 1991) en raison des méthodes, techniques et outils utilisés. L'*hakapik* (figure 4) a principalement polarisé les débats : cette hampe de bois munie d'un embout métallique est employée aux Îles-de-la-Madeleine pour fracasser le crâne des jeunes phoques du Groenland se mouvant sur les glaces[8]. Les litiges s'étendent jusqu'aux

---

[7] Cette décision est également motivée par la pression cynégétique, devenue très faible depuis la fermeture des marchés internationaux aux produits issus des phoques causée par une deuxième série d'embargos (de l'Union européenne notamment) autour des années 2010.

[8] Le percuteur est utilisé pour tuer le phoque et l'embout métallique situé à l'opposé permet

années 2010 dans la sphère juridique pour déterminer si cette technique est cruelle, si elle doit perdurer et de quelle façon.

Figure 3 –
Couverture de *Paris Match*, 21 février 1969

Figure 4 –
Photographie d'un chasseur madelinot tenant un *hakapik*
(©N. Levesque, 2018)

soit de traîner l'animal sur les glaces, soit de permettre au chasseur d'accrocher les glaces s'il tombe dans l'eau par accident.

Réglementation et surveillance de la de mise à mort face au terrain

Un nouveau modèle législatif international visant explicitement le bien-être animal et la réduction des souffrances causées aux animaux s'est développé sur la scène mondiale à partir des années 1960 (Brels, 2016). De façon exceptionnelle (Fitzgerald, 2011), la réglementation internationale et sa traduction dans les droits nationaux ou locaux évoluent dans ce contexte de façon extrêmement rapide pour interdire la chasse aux phocidés ou l'importation de dérivés (Danto *et al.*, 2020). Après les États-Unis en 1972, l'Union européenne interdit l'importation de produits transformés des blanchons en 1983[9], considérant notamment la « *détresse* » causée par cette chasse. Face à la perte de grands marchés et afin d'éclairer et réguler cette industrie, le gouvernement canadien institue la « Commission royale sur les phoques et l'industrie de la chasse au phoque au Canada », dite Commission Malouf, du nom de son président le juge Albert Malouf l'année suivante. La commission publie son rapport en 1986 qui recommande, principalement, l'interdiction de la chasse aux blanchons. Cette interdiction est entérinée dans « Le règlement sur les mammifères marins » (RMM dans la suite du texte) adopté par le Canada l'année suivante et toujours en vigueur aujourd'hui. Cette régulation du bien-être animal par le droit entraîne des ajustements dans les pratiques de chasse, de commerce et de mise à mort des animaux.

Même si la commission royale conclut que les gourdins et les *hakapiks* utilisés sont une méthode acceptable pour tuer humainement les phoques – « no methods of killing which gave come to the notice of the Royal Commission, other than clubbing and shooting achieve acceptable standards of humaneness » (Malouf, 1986) – et que le RMM précise leur « bonne » utilisation[10], la fin de la chasse aux blanchons a pour conséquence de rendre l'*hakapik* caduc. En effet, depuis l'interdiction de la chasse aux blanchons, ce sont désormais les jeunes phoques âgés de plus de trois à quatre semaines – appelés « les brasseurs » – qui sont visés. Ces phoques sont plus mobiles que les nouveau-nés[11]. Ils s'enfuient à l'approche des chasseurs et n'hésitent pas à aller dans l'eau, où les *hakapiks* ne sont plus alors d'aucune utilité. Ces

---

[9] L'interdiction touche également les petits des phoques à capuchon, dits « dos bleus » (âgés de moins d'un an). Ces animaux sont très peu présents dans le golfe du Saint-Laurent et vivent plus au nord.

[10] « Un hakapik, c'est-à-dire un instrument composé d'un embout métallique pesant au moins 340 g et muni, d'un côté, d'une pointe légèrement courbée d'au plus 14 cm de longueur et, de l'autre côté, d'une projection mornée d'au plus 1,3 cm de longueur ; l'embout est fixé à une hampe de bois mesurant au moins 105 cm et au plus 153 cm de longueur, et au moins 3 cm et au plus 5,1 cm de diamètre » (RMM, article 28-1-b).

[11] Lors de leurs premiers jours de vie, leur fourrure les empêche de se rendre dans l'eau et ils restent sur la glace pour attendre d'être allaités.

outils sont de plus en plus remplacés par l'utilisation d'armes à feu pour abattre les phoques depuis des chaloupes. La réglementation des fusils ou carabines apparaît beaucoup moins précise : seul le calibre des balles est précisé dans le RMM.

L'interdiction de la chasse aux blanchons, particulièrement source d'émotions, ne signifie donc pas la fin de la chasse aux jeunes phoques. L'interdiction s'appuie sur des critères reposant sur le pelage de l'animal[12] pour défendre les animaux non sevrés. Pourtant, les chasseurs rapportent que cette règle ne correspond pas toujours, sur le terrain, à la biologie de l'animal. Ils continuent ainsi d'abattre des phoques non sevrés (ce qui est pour eux le principal critère pour définir un « nouveau-né »), mais qui ont perdu leur pelage blanc : « *pourquoi interdire le blanchon ? C'est quoi un phoque sevré ? On ouvre les phoques, ils sont parfois encore pleins de lait, ils peuvent continuer à téter en allant dans l'eau. J'ai posé la question en formation, le MPO ne savait pas me répondre ! On ne sait s'il est sevré qu'une fois l'animal mort* » (chasseur-formateur, assemblée générale de l'ACPIQ, mars 2019).

Nom vernaculaire	Âge du phoque	État du pelage
Un chat	0-3 jours	Jaune
Un blanchon	3 – 10 jours	Blanc
Un blanchon dépassé	10 – 13 jours	Le poil blanc commence à s'arracher.
Un guenillou (*ragged jacket*)	Autour des 15 jours	Mue en cours, pelage avec quelques touffes de noir.
Un brasseur (*beater*)	20 - 25 jours	Pelage gris argenté tacheté de noir. Il va dans l'eau.

Tableau 2 – **Noms du phoque du Groenland selon son pelage.** Auteur : G. Ronsin.

La cause du bien-être animal a également eu pour conséquence de multiplier la surveillance sur les pratiques de chasse, opérée à la fois par les ONG de défense de la cause animale, les journalistes et les autorités canadiennes grâce à divers moyens (observation sur les glaces, hélicoptères, etc.). En 1977, un permis d'« observation de la chasse », sûrement unique au monde, a même été institué afin de permettre la surveillance de la pratique cynégétique par des non-chasseurs. Ce permis donne le droit de s'approcher des chasseurs et, symétriquement, interdit à ceux qui n'en possèdent pas de s'approcher à plus d'un mille marin des activités de chasse [13].

[12] Dans le RMM : « blanchon : phoque du Groenland qui n'a pas commencé à muer et dont le pelage est encore blanc ».

[13] Il est interdit à quiconque ne possédant pas un tel permis de s'approcher de cette activité ou si « le demandeur puisse avoir comme but avoué de perturber la pêche du phoque » (extrait du règlement sur les mammifères marins). Ces permis « ont été rendus nécessaires à la suite de confrontations entre des chasseurs et des manifestants sur les glaces » (Pêches et Océans

L'année 2008 marque la fin des opérations des groupes dits « animalistes », selon les termes des Madelinots[14]. Cette année-là, le navire Farley Mowat de la *Sea Shepherd Conservation Society* débarque à Saint-Pierre-et-Miquelon pour surveiller la chasse dans les eaux canadiennes. Son dirigeant, Paul Watson, crée alors la polémique en déclarant que le massacre de milliers de phoques est une plus grande tragédie que le décès de quatre chasseurs madelinots lors d'un naufrage survenu plus tôt dans l'année. Les pêcheurs saint-pierrais réagissent à ces propos en coupant les amarres du bateau militant, forcé de quitter le golfe du Saint-Laurent et n'y revenant plus jusqu'à aujourd'hui. La virulence de ces discours n'est pas typique de la chasse aux phoques et peut se retrouver dans d'autres contextes où des chasseurs décèdent dans l'exercice de leur pratique (Dalla Bernardina, 2017), marquant là l'avènement d'un courant « vitaliste » (Panaccio, 1979) prônant de mettre tous les êtres vivants sur un pied d'égalité.

En raison de cette histoire, les Madelinots considèrent aujourd'hui qu'il s'agit de « *la chasse la plus surveillée au monde… quand on allait sur les glaces, il y avait toujours derrière nous des agents des pêches, des journalistes, des animalistes* » (extrait d'entretien, acteur économique, août 2019). Malgré le retrait des ONG, la surveillance, cette fois réglementaire, est toujours d'actualité : « *Il y a très peu d'activités de chasse* [aux phoques] *sans qu'un agent des pêches aille vérifier les techniques d'abattage et les processus* » (extrait d'entretien, secteur madelinot de Pêches et Océans, septembre 2019). La réputation de cette activité reste un souci : « *L'agent des pêches rappelle les règlements concernant les activités de chasse en 2009. Il demande aux chasseurs de faire preuve de vigilance, et de respecter la réglementation afin d'éviter que des images nuisibles soient diffusées dans les médias* » (extrait du compte rendu de l'AG de l'ACPIQ en 2009). En février 2020, un agent fédéral des pêches a, par exemple, interdit à une escouade partie chasser au large de la Nouvelle-Écosse d'utiliser leurs *hakapiks* dont le crochet était jugé trop long. Pourtant, comme l'explique un chasseur, le crochet n'est pas utilisé pour abattre l'animal, à la différence du percuteur. Les critères de réglementation ne font pas sens, selon lui, avec les normes du bien-être animal : « *Je comprends qu'il y ait une taille minimale, pour s'assurer qu'on défonce bien le crâne de l'animal. Mais qu'il y ait une*

Canada, 2005). En 2006, le MPO a émis 73 permis d'observation de la chasse aux phoques, contre 60 en 2005 et 42 en 2004 (source : *Rapport du Comité permanent des pêches et des océans*, 2007).

[14] Le golfe du Saint-Laurent autour des Îles-de-la-Madeleine était principalement visé par leur surveillance puisque cette région est bien plus accessible en hiver que la zone de chasse du Front de Terre-Neuve.

mesure maximale, ça ne sert à rien. Au contraire, plus un percuteur est gros et plus il va rentrer dans le crâne. C'est une question d'efficacité »[15].

En effet, après l'adoption d'un cadre général sur le bien-être des « bébés » phoques, le débat se déplace sur les aspects techniques et scientifiques de l'efficacité de la mise à mort à partir des années 2000.

LA NORMALISATION PAR L'EXPERTISE : L'ABATTAGE EN TROIS ÉTAPES ET SES IMPLICATIONS DANS UN CONTEXTE DE CHANGEMENTS

Trois étapes pour tuer : science et « cours de bien-être animal »

Dans un contexte d'inquiétudes croissantes du public, la science s'intéresse de plus en plus à la sensibilité et la douleur des animaux depuis ces trente dernières années. Des avis, publications ou guides scientifiques autour du bien-être animal se développent dans les secteurs de l'élevage et la chasse (Mormede *et al.*, 2018) afin d'évaluer les méthodes de mise à mort les plus appropriées, autrement dit, pour réduire les souffrances évitables.

Même si une attention importante a été portée au traitement des animaux durant la chasse aux phoques dans l'Est du Canada, il n'existe que peu d'informations dans la littérature scientifique à ce sujet jusqu'aux années 2000. Puis, en quelques années, plusieurs études vétérinaires se succèdent à propos de la souffrance des phoques (toujours uniquement du Groenland) durant leur chasse et donnent lieu à une controverse d'experts. Celle-ci porte principalement sur la façon la plus efficace de tuer, mais aussi de s'assurer de la mort d'un phoque et de son état d'inconscience pour éviter les souffrances. Les signes de ces états sont alors nouvellement scrutés et catégorisés.

Jusqu'en 2008, le Règlement décrivait qu'un chasseur, avant la saignée, se doit de frapper chaque phoque jusqu'à ce que le crâne soit écrasé et opérer une vérification de l'état de mort selon deux moyens : soit manuellement soit au moyen d'un « test de réflexe de clignement »[16], c'est-à-dire observer le fait que les yeux d'un phoque ne réagissent plus ; et ce avant de passer à l'abattage d'un autre phoque (alinéa 28(2) du RMM).

En 2001, des vétérinaires missionnés par IFAW concluent, à partir d'observations directes et le visionnage de bandes-vidéo de chasse aux phoques

---

[15] Une demande d'assouplissement réglementaire a été portée par l'ACPIQ lors de la réunion annuelle du Comité consultatif de gestion des phoques de l'Atlantique. Extraits issus d'une interview avec la journaliste Hélène Fauteux, 5 février 2020.

[16] Consiste à confirmer qu'un phoque a les yeux vitreux et fixes et que ceux-ci ne réagissent pas au toucher lorsque leurs muscles sont relâchés (article 29 du RMM).

entre 1998 et 2000, que « *the hunt is resulting in considerable and unacceptable suffering* » (Burdon, 2001) liés au fait que l'abattage serait mal réalisé et les phoques saignés encore quasi vivants. Ils recommandent alors de mieux former les chasseurs et de réviser des méthodes de chasse au phoque à partir d'une expertise menée par des vétérinaires. D'autres scientifiques se saisissent alors de la question : « *Comme vétérinaire, je me disais que je trouve ça curieux, quand même, que la grande majorité des jeunes brasseurs soient écorchés quand ils sont encore vivants. Entre nous, ça ne faisait pas de sens. On peut ne pas dépecer, enlever la peau, peel an animal, quand il est à moitié mort. Il va remuer, ça n'a pas d'allure* » (extrait d'entretien, acteur scientifique).

De nouvelles observations des chasses aux phoques du Groenland et le visionnage des bandes-vidéo fournies par IFAW sont alors réalisées par des vétérinaires canadiens qui remettent en cause les conclusions précédentes en affirmant que « *la grande majorité des phoques pris durant cette chasse (au mieux, 98 % dans les travaux décrits ici) sont tués d'une manière acceptable du point de vue du traitement des animaux* »[17] (Daoust & Caraguel, 2012). Le débat se concentre sur les mouvements (des yeux et du reste du corps) que peut faire un phoque durant la minute qui suit la mise à mort et savoir déterminer s'ils indiquent ou non la mort (« *le phoque il shake* [convulse], *il est mort, il faut attendre que la minute passe pour l'éviscérer* » traduit un chasseur). Un « groupe de travail de vétérinaires indépendants sur la chasse aux phoques du Groenland » (le GTVI) est enfin mandaté [18] et en 2005 paraît un « *guide de bonne pratique de la chasse aux phoques* » (dixit un chasseur) soit leur rapport intitulé « Amélioration des méthodes d'abattage sans cruauté des phoques du Groenland au Canada ». Ce document donne lieu à des modifications du *Règlement sur les mammifères marins* en 2009 : le test du clignement de l'œil est aboli, une disposition exigeant la perte de conscience avant la saignée est ajoutée et la méthode dite de « l'abattage en trois étapes » est exigée pour chaque phoque : frappe (avec l'*hakapik*, après le tir de fusil éventuel), vérification, saignée[19].

---

[17] L'absence de fractures nettes sur les crânes ou les mouvements réflexes d'un phoque ne signifient pas, selon ces vétérinaires, que les animaux gardent encore conscience.

[18] Le groupe comprend neuf membres, quatre du Canada, deux des États-Unis et un de chacun des pays suivants : Pays-Bas, France et Grande-Bretagne. Les travaux sont dirigés par le vétérinaire canadien Pierre-Yves Daoust, du collège vétérinaire de l'Ile-du-Prince-Edouard. Le groupe fut financé par le Fonds mondial pour la nature des Pays-Bas (WWF-NL) qui bien « *qu'il ne s'intéresse habituellement pas aux questions de bien-être, le WWF-NL a reconnu que la chasse aux phoques du Groenland au Canada était une question préoccupante et importante pour nombre de ses membres* » (GTVI, 2005, p. 4).

[19] Des études et contre-études se succèdent ensuite, notamment dans la revue scientifique *Marine Policy*, et sont largement citées lors du différend commercial qui oppose le Canada à l'Union européenne à l'Organisation mondiale du Commerce au sujet de l'expor-

Pour les chasseurs, ces débats d'experts et la décomposition de la mort en « étapes » n'ont que peu d'impacts sur leurs propres techniques de chasse. En effet « *c'est la même affaire que Papa, le GTVI a mis sur papier, a formulé en données scientifiques ce que l'on faisait depuis toujours* » (extrait d'entretien, acteur économique). Toutefois l'expertise construite sur l'abattage des phoques a pour conséquence de rendre obligatoire une formation théorique à toute personne souhaitant désormais obtenir un permis de chasse aux phoques (personnel ou commercial). Cette formation en salle avec PowerPoint et vidéo explicative préenregistrée d'un vétérinaire sur la façon de bien écraser les hémisphères d'un crâne, d'une durée de trois heures, donnée quelques soirs en début de saison aux Îles-de-la-Madeleine par des chasseurs expérimentés reconnus par le MPO, est surnommée localement « *le cours de bien-être animal* ». En effet, pour un formateur, « *le cours d'abattage en trois étapes c'est pour s'assurer que les gens ont un intérêt, un concernement pour le bien-être animal.* (…) la *formation à l'abattage en trois étapes, ce que veut le MPO, c'est que de la réglementation et de la sécurité. Mais cela veut pas dire que tu seras prêt à ouvrir un phoque ou vendre !* » Durant le cours, à partir de leurs propres expériences et anecdotes au-delà du PowerPoint, les chasseurs ont à cœur d'enseigner comment tuer « *sans cruauté puisqu'il y a toujours de la souffrance dans l'abattage* », à savoir « *faire la mise à mort le plus vite possible, cela vaut pour n'importe quel animal, les chasseurs n'aiment pas faire souffrir (...) tuer peut être respecter, vous avez une responsabilité. Sans cruauté signifie être professionnel* » (formateur, 1 avril 2019).

Le cadrage mis à mal par les changements climatiques locaux : modification des techniques et animaux chassés

Ces connaissances acquises depuis dix ans autour de la souffrance des phoques du Groenland et les méthodes de chasse sont devenues aujourd'hui caduques. En effet, les impacts du changement climatique se sont massivement fait ressentir dans cette région depuis les années 2000. Ils modifient les éléments naturels sur lesquels est fondée la chasse : température de l'eau en augmentation, formation incertaine de la banquise et de ses mouvements, modification des aires de répartition des espèces et changements de leurs habitats. Depuis 2010, des années « avec trop de glaces » (2014, 2019) alternent avec des années « sans glaces » (2015, 2016, 2017, 2018) qui toutes les deux empêchent d'atteindre le troupeau de phoques du Groenland,

tation de produits issus des phoques. Tandis que certains scientifiques (Butterworth et Richardson, 2013) concluent que « *generally accepted principles of humane slaughter cannot be carried out effectively or consistently during the Canadian commercial seal hunt* » (p. 1), une contre-étude préparée par des scientifiques canadiens (Daoust *et al.*, 2014) affirme que les données précédemment utilisées (principalement des vidéos) empêchent de nourrir scientifiquement le débat.

qui s'installe de plus en plus loin des Îles en hiver. La localisation de la chasse évolue : l'abattage sur la banquise est remplacé par une chasse maritime. Les morceaux de glaces de plus en plus petits et peu stables pour s'y mouvoir favorisent en effet l'utilisation massive de fusil, depuis les chaloupes, pour tuer les phoques (Daoust *et al.*, 2002). La traduction des trois étapes d'abattage sur le terrain devient alors complexe. Si le coup au fusil est bien tout de suite létal, il ne permet plus de distinguer de loin l'étourdissement et la mort. Les deux premières étapes se confondent ; même si un coup d'*hakapik* peut être tout de même donné lorsque le chasseur se rend sur la glace pour récupérer la dépouille, pour ne pas contrevenir à la réglementation et à la surveillance.

En raison de ces conditions bouleversées, les phoques du Groenland ne sont quasiment plus visés par les chasseurs des Îles-de-la-Madeleine [20] . À l'inverse, favorisés par ce contexte environnemental, des phoques gris s'installent durablement et massivement dans le golfe du Saint-Laurent, d'où ils avaient auparavant quasi disparu (Swain *et al.*, 2019). Cette espèce est ainsi présentée, depuis une dizaine d'années, comme une nouvelle ressource à exploiter aux Îles-de-la-Madeleine, principalement pour sa viande. Le phoque gris peut être exploité commercialement depuis 2014 et des chasses d'ampleur sont organisées depuis quatre ans par des Madelinots. Un marché québécois se développe, porté par un argument localiste (Paddeu, 2017 ; Ronsin *et al.*, 2020).

Ces nouvelles façons de pratiquer la chasse aux phoques ont fait apparaître que très peu d'éléments législatifs existent à propos des phoques gris. La majorité des règles ont été conçues quasi uniquement pour le phoque du Groenland, principale ressource exploitée au XXe siècle. Les permis de chasse délivrés aux Îles obligent, par exemple, à chasser cette espèce dans des zones maritimes spécifiques alors qu'il n'existe pas de tel découpage pour le phoque gris : les chasseurs madelinots peuvent se déplacer entre les provinces et dans tout le Golfe pour chasser le phoque gris.

L'orientation de la chasse vers une nouvelle espèce met également à mal les connaissances et dispositifs acquis dans les décennies précédentes pour encadrer et techniciser la mort des phoques. Par exemple, la méthode de saignée actuellement obligatoire consiste à « *saigner le phoque aux aisselles* », soit aux artères brachiales. Or, le phoque gris est un animal qui vit en zone côtière, à la fois dans l'eau et sur terre. Il est parfois abattu sur les plages (et non plus sur les glaces) et dans cette situation ouvrir le phoque pour le saigner fait prendre le risque de contaminer la viande avec la terre, le sable, etc. L'association des chasseurs madelinots a sollicité en 2020 des

[20] Un seul bateau reste affrété pour la chasse aux phoques du Groenland depuis 2014 et les prises ne dépassent pas quelques centaines de phoques par année.

vétérinaires canadiens (étude en cours) pour développer une méthode de saignée au niveau des jugulaires qui permettrait selon eux d'améliorer la salubrité de la viande. L'argument sanitaire, auparavant absent des débats, s'ajoute donc à celui du bien-être animal. Le phoque gris est en effet également chassé dans l'eau au fusil, ce qui complique les habitudes des chasseurs. Les indices de conscience du phoque ne peuvent être recherchés que plusieurs minutes après le tir, lorsque l'animal est remonté à bord du bateau (à l'aide d'un treuil ou d'une gaffe). Pour améliorer les techniques de capture (et éviter les pertes d'animaux blessés qui s'enfuient) certains prônent l'utilisation de filets, utilisés au début du XXe siècle (Charest, 1981), de trappes sous-marines ou d'un parc de rétention. Mais avec de telles techniques, la méthode d'abattage en trois étapes ne pourrait plus être suivie, car les phoques ne seraient plus abattus un à un. Ceci fait dire aux responsables maritimes et cynégétiques locaux que « *le bien-être animal n'accepterait pas ça* » (carnet terrain, observation de l'assemblée générale de l'ACPIQ, 2019). À partir de cette personnification, les acteurs expliquent que la réglementation risque de ne pouvoir être facilement modifiée en raison des débats houleux qui ont déjà eu lieu et que les autorités ne souhaitent pas rouvrir. Le manque de flexibilité de la réglementation et son cadrage pensés pour une seule espèce contreviennent, selon les chasseurs, à l'efficacité de la nouvelle chasse aux phoques gris.

Pourtant, même si elle est complètement absente des écrits institutionnels canadiens, la chasse aux phoques gris a bien été déjà pratiquée au XXe siècle, mais en dehors du secteur commercial. Au début du XXe siècle, les pêcheurs du fleuve et du golfe du Saint-Laurent constatent une diminution de leurs prises lucratives telles que la morue ou le saumon. Comme les bélugas (Doyon, 2018), les phoques communs et les phoques gris sont alors rangés dans la catégorie des nuisibles et le gouvernement décide de subventionner leur chasse. Dès 1927, des récompenses sont offertes aux pêcheurs qui tuent des phoques communs (Mansfield, 1964) sous le système des « primes à la mâchoire » : dans les années 1960, le ministère des Pêcheries du Canada offre par exemple des primes de 5 $ pour chaque jeune phoque commun de moins d'un an et de 10 $ pour chaque adulte sur présentation des mâchoires inférieures des phoques qu'ils ont tués. 1 500 à 2 000 demandes de primes seraient faites annuellement par des chasseurs des Provinces maritimes, de Terre-Neuve et du Labrador. Ce système prend fin pour le phoque commun en 1976 et pour le phoque gris en 1983. Selon nos recherches, aucun texte ne semble encadrer, à l'inverse de ce qui existe encore une fois pour le phoque du Groenland, les pratiques de mise à mort de ces phoques qui cohabitent pourtant dans les mêmes eaux.

Le déplacement de la cause animale face aux enjeux environnementaux relégitime la chasse ?

Ce nouveau contexte, ancré dans les changements globaux, a pour conséquence de dissocier le débat entre cause animale et cause environnementale (Knezevic, 2009).

Alors que les ONG mettaient en avant le caractère menacé des phoques dans les années 1970, cet argument écologique n'est plus valable : les phoques de toutes espèces ont augmenté alors que les volumes de chasse sont en déclin, ne présentant plus une menace pour les populations selon les scientifiques (Pêches et Océans Canada, 2009). Depuis les années 2000, Greenpeace a par exemple particulièrement réduit ses activités militantes à propos de la chasse aux phoques en raison du « bon » état des populations, comme le déclarait en 2004 au journal *Le Devoir*, le coordonnateur québécois de Greenpeace : « *il y a des lustres qu'on n'a plus personne là-bas, car, tout simplement, Greenpeace ne fait plus de campagne contre la chasse aux phoques. L'espèce n'est pas en danger, contrairement à d'autres mammifères marins* ». En 2015, le directeur de Greenpeace-Arctique déclarait à son tour à la chaîne américaine MSNBC que l'ONG ne s'opposerait plus à une chasse qui s'inscrirait dans le registre de la durabilité. Cette position est particulièrement critiquée par l'ONG de défense de la cause animale Sea Sheperd et son président (Paul Watson, ancien cofondateur de Greenpeace), qui perçoit ces propos comme « *une trahison* », considérant qu'*« une chasse durable, cela n'existe pas »* (extraits d'un post Facebook de Paul Watson, 23 janvier 2016).

Comme dans d'autres contextes (Ginelli, 2012), les responsables cynégétiques tirent profit de ce déplacement du débat et de la montée des préoccupations environnementales liés aux changements climatiques à deux niveaux.

Premièrement, en se présentant comme des « *gestionnaires de la biodiversité* » (extrait d'entretien), les chasseurs justifient selon un registre différent la chasse aux phoques. Avec la bonne santé des populations et notamment les phoques gris, la chasse orientée pour la viande devient une pratique « *responsable, durable et locale* » (extrait carnet terrain) selon les responsables associatifs. Elle permettrait aux Madelinots, les principaux visés par les circuits commerciaux, d'accéder à une viande soutenable en termes de « coût carbone » (il n'y a quasi pas d'élevage aux Îles, la viande est amenée par bateau).

Deuxièmement, les mouvements de plus en plus forts dans la société québécoise contre l'élevage industriel (Renard, 2019) amènent les chasseurs, dans une volte-face, à se repositionner dans le débat. Ils justifient leur pratique en arguant que la viande de phoques, « *viande sauvage* » (extrait plaquette de présentation d'une entreprise de viande de phoque) provient d'un animal qui a vécu et été tué dans son milieu d'origine, et aurait donc moins souffert que les animaux d'élevage à l'origine de la viande industrielle : « *la cruauté qu'implique la chasse au phoque actuelle est probablement inférieure à celle causée par de nombreuses formes d'élevage et d'abattage d'animaux domestiques* » (extrait des archives de l'ACPIQ). Ce déplacement du débat, voulu par les élites cynégétiques, aboutit à une stratégie classique dans ce milieu : comparer la souffrance provoquée par la mise à mort et la souffrance au cours de la vie (Mounet et Chanteloup, 2019).

Mais au-delà de ces acteurs associatifs ou commerciaux, la conception du bien-être animal des chasseurs madelinots, qui sont bien souvent aussi des pêcheurs et des agriculteurs, s'inscrit dans la sphère des pratiques domestiques, où les frontières entre catégories d'animaux sont beaucoup plus poreuses. Les entretiens menés montrent que tuer un animal d'élevage relève du même registre que tuer un animal sauvage ou un phoque : « *On travaille toujours dans le respect de l'animal puis du bien-être de l'animal. Que ce soit au début ou à la fin... Je les mets au monde, je les soigne quand ils sont malades. Je veux qu'ils soient en santé pour arriver à la fin avec un beau produit qui me rapporte. Le phoque, c'est la même chose. L'abattage se fait dans le respect de l'animal avec les meilleures techniques qu'on a à notre disposition dans le temps. Il n'y a personne qui va faire exprès de briser une carcasse pour la chasse, on ne va pas gaspiller* ».

CONCLUSION

Cet article étudie les normes qui se sont construites pour réguler les pratiques de chasse aux phoques aux Îles-de-la-Madeleine. Nous les avons discutés à partir de l'examen des techniques et discours de ceux qui pratiquent cette activité et de leurs effets dans le temps, à l'échelle locale.

La trajectoire du droit, des techniques et des savoirs qui se sont constitués autour des phoques nous informe sur l'encadrement et le développement de dispositifs pensés pour atténuer le caractère « inhumain » de la mise à mort et la recherche du bien-être animal : des outils, la surveillance, des signes, des protocoles sont prévus pour parer aux critiques locales et internationales sur la souffrance de ces animaux. Le caractère « sauvage » de l'animal et les caractéristiques biologiques mouvantes liées à cette condition (espèces, déplacements, pelages, etc.) sont alors figés dans la réglementation, réduisant l'animal sauvage à son seul statut de ressource.

En raison de sa vocation commerciale, la chasse aux phoques québécoise est un cas unique qui a suivi une normalisation similaire à celle déjà été décrite dans les abattoirs. À partir des années 2000 et de l'accroissement des connaissances scientifiques, des protocoles sont bâtis et ont pour effet de dissocier l'acte de tuer et l'absence de conscience, conçus alors comme « des étapes ». La définition de la mort d'un phoque est elle-même devenue source de débat d'experts. La normalisation a alors eu pour effet de réduire la mort à une seule série de gestes et l'évaluation de leurs conséquences. Ce même processus s'observe dans les chaînes de travail des abattoirs. Nous l'avons vu, la réglementation a, par exemple, poussé à l'utilisation accrue de fusils. Or, le tir depuis les chaloupes conduit à dissocier ce travail pour les phoques. Alors que la mise à mort était auparavant effectuée par une seule personne, les trois étapes font se mobiliser plusieurs chasseurs : l'un pour tirer, l'autre pour fracasser le crâne de l'animal avec *l'hakapik* en sautant sur la glace ou la plage. La comparaison avec la normalisation de la mise à mort dans les abattoirs a toutefois des limites. Les raisons sanitaires qui justifient, par exemple, l'encadrement strict de l'abattage industriel des animaux n'apparaissent qu'à la toute fin de la trajectoire de normalisation de la mise à mort des phoques.

Cette trajectoire révèle également une opération de cadrage par les discours, le droit et la science sur un seul animal, le phoque du Groenland. Les autres espèces de pinnipèdes semblent avoir tout bonnement disparu des débats au XXe siècle. Cependant, les changements environnementaux à partir des années 2000 ramènent le phoque gris sur le devant de la scène dans le Golfe du Saint-Laurent. Les phoques gris et leurs écosystèmes en mouvement invitent à pluraliser le débat, à porter attention à d'autres échelles et révèlent la dissociation entre des pratiques localisées et des normes globales.

Enfin, ils nous conduisent à réfléchir aux autres phoques qui ont été mis à mort tout au long du XXe siècle et qui ont échappé à cette trajectoire de normalisation : les phoques classés comme nuisibles. Au sein d'un même sous-ordre d'espèces, les grandes dichotomies de nos rapports aux animaux (ressources *vs* nuisibles) ont des effets sur la portée politique de leur mise à mort. Invisible car s'effectuant en dehors de la chasse commerciale controversée, la reconstitution des opérations sur les espèces nuisibles, de leurs normes et de leurs acteurs (principalement des pêcheurs, également chasseurs ?) pourrait permettre de mieux comprendre comment, à nouveau, le cadrage normatif global du bien-être animal comporte des contradictions locales et des zones d'ombre.

BIBLIOGRAPHIE

BARRY Donald, 2005, *Icy battleground: Canada, the International Fund for Animal Welfare and the Seal Hunt*, Breakwater Books.

BEYLIER Pierre-Alexandre, 2012, « La chasse au phoque : entre information et désinformation », *Études canadiennes / Canadian Studies*, vol. 73, p. 91-108.

BOUGRAIN-DUBOURG Alain, 1978, *L'agonie des bébés phoques*, Paris, Presses de la Cité.

BRELS Sabine, 2016, *Le droit du bien-être animal dans le monde : évolution et universalisation*, thèse de doctorat, Université Laval, 453 p.

BURDON Rosemary *et al.*, 2001, *Veterinary report, Canadian commercial seal hunt*, rapport, 36 p.

BUTTERWORTH Andrew, RICHARDSON Mary, 2013, « A review of animal welfare implications of the Canadian commercial seal hunt », *Marine Policy*, vol. 38, p. 457-469, mars.

CHAREST Paul, 1981, « Contraintes écologiques et pêcheries sédentaires sur la Basse Côte-Nord du Golfe Saint-Laurent », *Anthropologie et Sociétés*, vol. 5, n° 1, p. 29-56.

CHAUSSADE Jean, 1975, « La chasse aux phoques dans le golfe du Saint-Laurent », *Norois*, vol. 86, n° 1, p. 275-280.

CLARK Stephen R., 1997, *Animals and their moral standing*, Taylor & Francis US.

DALLA BERNARDINA Sergio, 2017, « Mort (et résurrection ?) du chasseur », in *Chasse, chasseurs et normes*, Maison des Sciences de l'Homme d'Aquitaine.

DANTO Anatole, MAZÉ Camille, MACADRÉ Tristan, PERTEL Léa, 2020, « Conserver ou exploiter une ressource naturelle vivante. Le cas épineux du phoque, une controverse bien ancrée dans la dichotomie Nature / Culture », *Revue internationale d'ethnographie*, n° 7, 19 p.

DAOUST Pierre-Yves, CROOK Alice, BOLLINGER Trent K., CAMPBELL Keith G., WONG James, 2002, « Animal welfare and the harp seal hunt in Atlantic Canada », *The Canadian Veterinary Journal*, vol. 43, n° 9, p. 687-694.

DAOUST Pierre-Yves, HAMMILL Mike, STENSON Garry, CARAGUEL Charles, 2014, « A review of animal welfare implications of the Canadian commercial seal hunt: a critique », *Marine Policy*, vol. 43, p. 367-371, janvier.

DAOUST Pierre-Yves, CARAGUEL Charles, 2012, « The Canadian harp seal hunt: observations on the effectiveness of procedures to avoid poor animal welfare outcomes », *Animal Welfare*, vol. 21, n° 4, p. 445-455.

DORSEY Kurk, 1991, « Putting a ceiling on sealing: conservation and cooperation in the international arena, 1909-1911 », *Environmental History Review*, vol. 15, n° 3, p. 27-45.

DOYON Sabrina, 2018, « Pêches des bélugas, des anguilles et des esturgeons noirs de l'estuaire du St-Laurent. Entre la protection et la marchandisation », *Revue d'ethnoécologie*, n° 13.

FITZGERALD Peter L., 2011, « "Morality" may not be enough to justify the eu seal products ban: animal welfare meets international trade law », *Journal of International Wildlife Law & Policy*, vol. 14, n° 2, p. 85-136.

GEISTDOERFER Aliette, 1987, *Pêcheurs acadiens, pêcheurs madelinots : ethnologie d'une communauté de pêcheurs*, Presses Université Laval.

GINELLI Ludovic, 2012, « Chasse-gestion, chasse écologique, chasse durable… Enjeux d'une écologisation », *Économie rurale. Agricultures, alimentations, territoires*, n° 327-328, p. 38-51, mars.

GIROUX-WORKS Nakeyah, 2017, *Expériences d'un climat en changement : conditions socio-économiques et défis environnementaux chez les pêcheurs et agriculteurs madelinots*, mémoire de maîtrise, Université Laval.

GOREAU-PONCEAU Anthony, LEMOIGNE Nicolas, 2017, *Chasse, chasseurs et normes*, Maison des Sciences de l'Homme d'Aquitaine.

GTVI (Groupe de travail de vétérinaires indépendants sur la chasse aux phoques du Groenland au Canada), 2005, *Amélioration des méthodes d'abattage sans cruauté des phoques du Groenland au Canada*, Rapport, 24 p.

GUEVARA Gloria Yolanda, 2008, *Assessing the effectiveness of transnational activism: an analysis of the anti-whaling and anti-sealing campaigns*, University of Southern California Dissertations and Theses.

KNEZEVIC Irena, 2009, « Hunting and environmentalism : conflict or misperceptions », *Human Dimensions of Wildlife*, vol. 14, n° 1, p. 12-20, février.

LÉVESQUE Nicolas, 2018, *Chasseurs de phoques*, Documentaire, 70 min, MC2 Communication Mediaş.

LINZEY Andrew, 2006, « Ethical critique of the Canadian seal hunt and an examination of the case for import controls on seal products », *Journal of Animal Law*, vol. 2, p. 87.

LOWE Brian M., 2008, « War for the seals: the Canadian seal controversy and sociological warfare », *Taboo: The Journal of Culture and Education*, vol. 12, n° 1.

MALOUF Albert, 1986, *Seals and sealing in Canada: report of the Royal Commission*, Ottawa, Supply and Services Canada.

MANSFIELD A W., 1964, *Phoques de l'Arctique et de l'Est du Canada*, Office des recherches sur les pêcheries du Canada, n° 137, p. 40.

MENGE Yoanis, 2016, *Hakapik*, Montréal, La Morue Verte.

MORMEDE Pierre, BOISSEAU-SOWINSKI Lucille, CHIRON Julie, DIEDERICH Claire, EDDISON John, GUICHET Jean-Luc *et al.*, 2018, « Bien-être animal : contexte, définition, évaluation », *INRAE Productions Animales*, vol. 31, n° 2, p. 145-162, octobre.

MOUNAIX Béatrice, TERLOUW Claudia, 2013, « L'évaluation et la gestion du bien-être animal : diversité des approches et des finalités », *Renc. Rech. Ruminants*, n° 20, p. 189-192.

MOUNET Coralie, CHANTELOUP Laine, 2019, « Les pratiques de chasse face à la sensibilité animale. De l'invisibilité à l'éthique de chasse ? », *Frontières*, vol. 30, n° 2.

MULLER Séverin, 2008, *À l'abattoir : travail et relations professionnelles face au risque sanitaire*, Éditions Quae.

NOSEWORTHY Daphne, 2010, *Blue ice: the sealing adventures of artist George Noseworthy*, Creative Publishers.

PADDEU Flaminia, 2017, « Manger local », *Vacarme*, n° 4, p. 40-45.

PANACCIO Claude, 1979, « Des phoques et des hommes : Autopsie d'un débat idéologique », *Philosophiques*, vol. 6, n° 1, p. 45-63.

PÊCHES ET OCÉANS CANADA, 2005, *Compte rendu du colloque sur les phoques*, rapport interne, 86 p.

PÊCHES ET OCÉANS CANADA., 2009, *État actuel de la population de Pagophilus groenlandicus de l'Atlantique*, Avis scientifique 2009/074, 17 p.

PÊCHES ET OCÉANS CANADA. 2011, *Plan de gestion intégrée de la chasse aux phoques de l'Atlantique*, Rapport interne.

REDLINGSHÖFER Barbara, 2006, « Vers une alimentation durable ? Ce qu'enseigne la littérature scientifique », *Courrier de l'environnement de l'INRA*, n° 53, p. 83-101.

RÉMY Catherine, 2009, *La fin des bêtes. Une ethnographie de la mise à mort des animaux*, Paris, Economica.

RENARD Alexia, 2019, *Le véganisme au Québec : cartographie d'un mouvement*, mémoire de maîtrise en environnement et développement durable, Université de Montréal

RONSIN Gaëlle, LEWIS Nathalie, BRISSON Geneviève, 2020, « De la mer à la viande », *Techniques & Culture*, Varia, mis en ligne le 10 décembre consulté le 22 février 2021. http://journals.openedition.org/tc/14797

SELLHEIM Nicolas, 2015, « Morality, practice, and economy in a commercial sealing community », *Arctic Anthropology*, vol. 52, n° 1, p. 71-90.

SWAIN Douglas P., BENOÎT Hugues P., HAMMILL Mike O., SULIKOWSKI James A., 2019, « Risk of extinction of a unique skate population due to predation by a recovering marine mammal », *Ecological Applications*, p. e01921, juin.

VIALLES Noélie, 1987, *Le sang et la chair. Abattoirs des pays de l'Adour*, Paris, Édition de la Maison des sciences de l'homme.

WENZEL George W., 1991, *Animal rights, human rights: ecology, economy and ideology in the Canadian Arctic*, Toronto, University of Toronto Press.

WRIGHT Guy David, 1983, *Swiling: an ethnographic portrait of the Newfoundland seal hunt*, MA thesis, departement of anthropology, Memorial University of Newfoundland.

LA RÉAPPROPRIATION DE LA MORT DES ANIMAUX D'ÉLEVAGE
L'ABATTOIR MOBILE, UNE INNOVATION PAYSANNE DE RUPTURE

The re-appropriation of farm animals death: a breakthrough peasant innovation

Julie RIEGEL
UMR PACTE, Université de Grenoble-Alpes
julriegel@gmail.com

Résumé : La dernière loi sur l'agriculture et l'alimentation (Egalim) met en place pour quatre ans une période d'expérimentation d'outils d'abattage mobiles, que des paysan.ne.s appellent de leurs vœux depuis une décennie afin de s'affranchir du système d'abattage industriel. Dans le Luberon, un groupe d'éleveur.se.s accompagné par la Confédération paysanne et des partenaires publics et privés, est engagé dans la conception d'un camion-abattoir. Cet article met en lumière les changements systémiques nécessaires à l'aboutissement de ce projet, qu'ils relèvent de verrous administratifs et socio-techniques à ébranler au niveau national, ou de l'enjeu de traduire cette réappropriation de l'abattage dans des modalités cohérentes avec les aspirations morales et les pratiques situées et hétérogènes des éleveur.se.s.

Mot-clés : abattoir mobile, abattoir paysan, mort animale, abattage des animaux, élevage, paysan, éthique, innovation de rupture, système industriel, agro-pastoral

Abstract : *The latest Agriculture and Food's Law (Egalim) sets up during four years an experimentation with mobile slaughter tools, which breeders have been expected for a decade in order to disconnect with the industrial slaughter system. In the Luberon, a group of breeders, supported by peasant representatives, public and private partners, is engaged in the design of a truck-slaughterhouse. This article highlights the systemic changes necessary for the successful completion of this project. It meets on one hand some administrative and socio-technical obstacles, on the other hand various forms of moral and practical traduction of an ethic animal death within peasants.*

Keywords : *mobile abattoir, slaughter of animals, peasants, breeders, ethics, disruptive innovation, industrial system, agro-pastoral system*

INTRODUCTION

La Loi Egalim sur l'agriculture et l'alimentation met en place pendant quatre ans l'expérimentation d'abattoirs mobiles en France. Les législations européenne et française n'interdisent pas les abattoirs mobiles, à condition que ces abattoirs répondent à l'ensemble des normes appliquées aux abattoirs fixes. Mais, en pratique, les porteurs de ce type de projets ont reçu depuis dix ans un accueil très défavorable des administrations départementales et de la plupart des institutions agricoles. Cette nouvelle loi et son décret du 15 avril 2019 légalisent et légitiment ainsi pour la première fois une alternative au modèle d'abattoir industriel. Depuis la promulgation de la loi, une vingtaine de groupes d'éleveur.se.s ont engagé des réflexions pour se saisir de cette opportunité, soutenus, selon les contextes territoriaux, par des organisations agricoles, des associations, des collectivités territoriales (figure 1). Ces groupes portent une même aspiration à disposer d'outils permettant un abattage respectueux de leurs animaux et qui soit cohérent avec leur vision de l'élevage. Ces outils doivent impérativement recueillir un agrément de la part de l'administration compétente, ce qui implique pour les éleveur.se.s et leurs partenaires de s'inscrire dans l'esprit de la norme en matière sanitaire et vétérinaire. À partir d'un cas d'études dans le Luberon, relatif à la conception d'un camion-abattoir, je montre dans cet article que ces outils de réappropriation de l'abattage par les éleveur.se.s représentent des innovations de rupture : au regard des verrous socio-techniques qu'ils ébranlent, mais également des troubles et des compromis moraux qu'ils suscitent[1].

Photographie 1 – **Visite de l'abattoir paysan des Hautes Vallées** (Guillestre) par des éleveur.se.s du Luberon, en train d'observer le système d'écoulement des eaux de rinçage au sol.
Source : Julie Riegel

[1] Je remercie ma collègue Coralie Mounet (UMR PACTE) pour sa relecture et ses conseils avisés.

L'innovation n'est pas envisagée ici de manière linéaire, au sens d'un prototype expérimental conçu par des ingénieurs et des chercheurs, qui générerait une innovation en fonction de son degré d'utilisation et d'appropriation par les usagers ciblés. Elle renvoie, dans cet article, aussi bien au processus qu'au résultat et à sa portée, et son analyse implique de considérer les trajectoires de changement individuelles et collectives, les relations entre acteurs, les dynamiques de conflits et de coopération, et leur caractère itératif (Thou et Vincent, 2018). À l'instar du système semencier issu de la modernisation agricole, le système d'abattage industriel est en effet devenu non réversible, excluant, de façon de plus en plus radicale, tout modèle alternatif (Hermesse *et al.* 2018). Ce système a progressivement généré des verrous socio-techniques, c'est-à-dire des référentiels dominants de normes administratives, techniques et juridiques. Mais il a aussi rendu hégémoniques des modes de pensée, des réseaux d'acteurs et des savoirs considérés comme les seuls légitimes à organiser la mort des animaux de boucherie (Baret *et al.*, 2013). Dans ce contexte, le camion-abattoir élaboré dans le Luberon se présente comme une innovation de rupture, qui nécessite d'ébranler l'ensemble du système dans lequel l'abattage industriel prend place (Barbier et Elzen, 2012), comme c'est le cas pour les processus de sélection de semences par des paysan.ne.s à partir de variétés anciennes (Demeulenaere et Goldringer, 2017).

Mais les innovations matérielles que les éleveur.se.s imaginent ne sont pas un produit issu d'un processus de conception puis de fabrication linéaire, intellectuel leet désincarné e: elles surgissent et sont modelées selon un être au monde et une façon d'habiter singulières (Ingold, 2013). Par de nouveaux outils d'abattage mobile, les éleveur.se.s essaient de faire tenir leur goût de travailler et de vivre avec leurs animaux, avec leur mise à mort pour une alimentation carnée (Mouret, 2012). Leur mise en branle de normes cognitives, de dispositifs techniques, de gestes corporels, d'engagements relationnels, est inséparable de préoccupations politiques et morales (Hache, 2011). Ils sont aux prises avec des compromis techniques, économiques et moraux indissociables : ils vivent « avec le trouble » (Haraway, 2020 ; Labussière, 2020). À cet égard, les outils d'abattage mobiles élaborés par les éleveur.se.s se présentent également comme des innovations de détachement (Goulet et Vinck, 2012) : plutôt que l'ajout de nouveaux éléments, elles impliquent une démarche de retrait et nécessitent de rompre avec certains intermédiaires humains et techniques pour pouvoir établir de nouvelles connexions.

Je m'intéresse dans cet article au cheminement d'un collectif d'éleveur.se.s du Luberon mobilisé dans la conception d'un camion-abattoir pour petits ruminants (brebis et chèvres), avec l'appui de la Confédération paysanne Provence-Alpes-Côte d'Azur et de partenaires publics et associatifs. Avec ces derniers, la Confédération paysanne PACA a répondu à l'appel à projets « Transitions alimentaires et agroécologiques » piloté par la Fondation de France, dont elle a été lauréate en 2018 puis 2019. Cet article s'inscrit dans le volet recherche-action de ce projet, qui est mené en rattachement à l'UMR Pacte (Université de Grenoble-Alpes). Mon mandat de recherche implique de suivre et de qualifier la trajectoire de ce projet, les apprentissages individuels et collectifs qu'il recouvre, les freins et les leviers qu'il rencontre.

La posture de recherche-action assume de produire des connaissances scientifiques utiles à l'action (Hatchuel, 2000), ce qui nécessite, dans un tel projet d'innovation, d'accepter de perdre la maîtrise de la temporalité et du rythme de l'enquête, et de réajuster la problématique et les hypothèses de travail en fonction des contingences du projet. D'un point de vue épistémique, cette posture implique aussi de décloisonner les temps d'enquête et d'analyse, et de se montrer transparent sur ses valeurs et ses modes d'agir : je m'efforce ainsi de mettre en dialogue ce que je constate, questionne, interprète et élabore (Riegel, 2018). Cet article a par exemple fait l'objet d'une relecture auprès des principales parties concernées avec pour objectif d'ouvrir un espace de débat, respectueux des termes de la relation, mais également utile à l'enquête[2]. Ma position scientifique est dès lors délicate, et la distance à tenir sur le fil : entre mon engagement à contribuer à la mise en récit de cette innovation, participant de transformations narratives sur l'abattage des animaux d'élevage (Stassart et Jamar, 2008) ; et mon aspiration à rendre compte, par une anthropologie critique, de sa trajectoire ni lisse, ni linéaire, ni homogène.

Les résultats présentés ici reposent principalement sur des observations participantes réalisées depuis dix-huit mois lors de temps collectifs liés au projet (réunions de travail, visites d'abattoirs, rencontres syndicales), sur le recueil de trajectoires professionnelles en entretien formel, ainsi que sur des moments informels de travail partagés avec des éleveur.se.s (bergerie, fromagerie, atelier de découpe, marché…)[3].

La première partie met en perspective les lignes de force et les étapes historiques ayant abouti à la Loi Egalim et au décret n° 2019-324 du 15 avril 2019 relatif à l'expérimentation de dispositifs d'abattoirs mobiles. Cette évolution législative prend acte d'une manière inédite du malaise croissant à l'égard du système d'abattage industriel, qui cristallise les préoccupations et les revendications de différents acteurs en matière de bien-être animal. La

---

[2] Au final, les relecteurs ont sollicité des corrections d'ordre technique, factuel, la mise en récit et les analyses proposées leur ayant paru *fidèles* à la réalité éprouvée.

[3] J'adresse particulièrement mes remerciements aux personnes suivantes, dont la contribution a été essentielle pour la réalisation de cette recherche-action : Violette Chauvigné et Olivier Bel (Confédération paysanne PACA), Émilien Bonnet (Les Cabanes), François Borel (La Jacourelle), Sébatien Felix et Gaby (Le petit Luberon), Richard Logerot (éleveur brebis), Emilie Loison (Les chèvres d'Émilie), Christophe Mourey (Domaine du Couleton) Jacques Alvernhe, Mylène Maurel (PNR du Luberon).

seconde partie retrace les verrous techniques et administratifs auxquels se heurtent depuis dix-huit mois les porteurs du projet de camion-abattoir dans le Luberon. Les troisième et quatrième parties s'intéressent aux motivations et aux spécificités des éleveur.se.s engagé.e.s dans ce projet, ainsi qu'aux transformations et aux tensions individuelles et collectives que cette réappropriation de l'abattage fait surgir.

LA LUTTE POUR UN DROIT D'ALTERNATIVE AUX ABATTOIRS INDUSTRIELS

Le malaise sourd des éleveur.se.s

Le rejet des abattoirs industriels par certain.e.s éleveur.se.s n'est pas nouveau, mais le malaise croît depuis dix ans, en écho à la montée dans l'espace public des préoccupations envers les conditions de mise à mort des animaux et leurs significations sociales et politiques (Boukala et Givre, 2019). Le nombre d'abattoirs a été divisé par quatre en France depuis les années 1970, au profit de gros outils privatisés et centralisés, soumis à des impératifs accrus de rentabilité. Les portes des abattoirs se sont progressivement fermées pour les éleveur.se.s et les artisans bouchers, tandis que les conditions de travail des salariés sur la chaîne ont été bouleversées (Vialles, 1987 ; Porcher, 2003 ; Delavigne, 2006, 2012). Cette restructuration des abattoirs a particulièrement affecté les fermes agro-pastorales : au regard du stress et du mal-être générés pour leurs animaux ; de la perte de sens et d'une moindre traçabilité de la viande pour les éleveur.se.s pratiquant des circuits courts ; enfin parce que certains animaux se sont vus refuser la porte des abattoirs du fait de leur morphologie non conforme – trop grands, trop gros, trop cornus.

Au début des années 2000, des enquêtes en sciences sociales contribuent à ouvrir la « boîte noire » des abattoirs industriels, et analysent les formes de souffrance qu'ils génèrent au regard des cadences imposées et de la division extrême du travail (Molinier et Porcher, 2006 ; Guigon et Jacques-Jouvenot, 2007). La critique montante envers ces structures émane autant des éleveur.se.s, des citoyen.ne.s[4], des associations de bien-être animal (Pierre, 1997 ; Traïni, 2012) que de certains professionnels des abattoirs (Vincent, 1997). L'essor des normes réglementaires de bien-être animal dans les années 2000 ne clôt pas les controverses : leur déploiement s'effectue dans un système de rationalité productiviste (Rémy, 2003), et son coût fragilise paradoxalement les derniers abattoirs de proximité, plus propices au main-

---

[4] Un sondage Ipsos commandé en 2016 par la Fondation Daniel et Nina Carasso indique que 47 % des Français déclarent consommer plus de produits respectueux du bien-être animal depuis deux ans. https://www.ipsos.com/fr-fr/alimentation-durable-les-francais-de-plus-en-plus-attentifs-ce-quils-mangent

tien de relations entre éleveur.se.s, salarié.e.s et animaux (Jourdan et Hochereau, 2019).

Des enquêtes collectives initiées par l'INRA[5] et la Confédération paysanne aboutissent à l'édition du *Livre blanc pour une mort digne des animaux* (Porcher *et al.* 2014). Les témoignages recueillis montrent que tuer les animaux n'est pas anodin pour les éleveur.se.s, et que le sujet est douloureux. Mais qu'il s'agit d'un « mal nécessaire », d'« un mal pour un bien, d'un mal pour des biens » (*ibid.*, p. 62). Les éleveurs se posent beaucoup de questions, même s'ils disent qu'il est préférable de ne pas trop s'en poser, et témoignent qu'une ritualisation et un travail de deuil sont de toute façon impossibles avec l'abattoir, car il n'y a pas d'espace de parole pour cela. Dans leur souci moral, la mise à mort n'est pas envisagée comme un acte à considérer isolément, mais comme une étape incontournable et difficile de leur métier, sur laquelle ils aspirent à reprendre un certain contrôle (Mouret, 2012).

Pour autant, si le principe d'une alternative aux abattoirs classiques suscite l'intérêt des éleveur.se.s, la mobilisation collective dans les territoires est faible. Reprendre le contrôle de l'abattage semble impossible pour ces derniers : impossible à autoriser par les services administratifs et vétérinaires, impossible à financer, impossible à imaginer. Pour d'autres, lorsque des abattoirs de proximité perdurent et que les relations sont de confiance avec les employés, continuer à déléguer reste la meilleure option. Alors que le nombre d'abattoirs en France diminue drastiquement (400 en 2003, 250 en 2019), augmentant la dépendance des éleveur.se.s à des filières longues et intensives, la reprise d'abattoirs en faillite par les paysans devient une priorité pour la Confédération paysanne.

Des blocages administratifs récurrents

En 2015 et 2016, la Fadear[6] et l'INRA se voient refuser coup sur coup par le ministère de l'Agriculture deux projets sur l'abattage de proximité et le respect des animaux. Le Collectif « Quand l'abattoir vient à la ferme » est fondé pour mobiliser des acteurs de la société civile[7]. Des éleveuses et éleveurs mènent en parallèle un travail d'enquête en Suède, en Allemagne, en Autriche, sur les systèmes d'abattage mobiles. Si les paysan.ne.s et les organisations qui les représentent gagnent en expertise, en arguments, en

---

[5] Collectif Animal's Lab de l'UMR Innovation, animé par J. Porcher.

[6] La Fadear est le réseau de l'agriculture paysanne, c'est une fédération proche de la Confédération paysanne qui regroupe les Associations pour le développement de l'emploi agricole et rural.

[7] À l'initiative de la sociologue Jocelyne Porcher et de l'éleveur Stéphane Dinard.

crédibilité vis-à-vis des chambres d'agriculture et des administrations, les pouvoirs publics ne se saisissent toujours pas du sujet.

Dans ce contexte, la diffusion des vidéos de l'association L214 montrant des actes de cruauté envers les animaux dans les abattoirs du Vigan puis d'Alès peut apparaître comme un moment de bascule. Les militants vegan antispécistes ont provoqué le choc dans les réseaux sociaux, les médias, et chez certain.e.s éleveur.se.s. Les positions radicales du mouvement, pour partie abolitionniste de l'élevage, ont aussi renforcé le rapprochement entre des collectifs agricoles et des associations *welfaristes*. Face à la polémique, une commission parlementaire est nommée en 2016 afin d'enquêter sur les conditions d'abattage des animaux de boucherie. Dans ses conclusions finales, la commission préconise l'expérimentation d'abattoirs mobiles en France.

Le 11 décembre 2017, une tribune signée par la Confédération paysanne, le collectif *Quand l'abattoir vient à la ferme*, la Fadear et vingt organisations (dont France Nature Environnement, Biocoop, Nature et Progrès...), plaide pour la mise en place d'outils d'abattage mobiles. Elle stipule que ces outils « répondent à une demande sociétale en termes de santé publique, de qualité des aliments, d'éthique et de respect des animaux et de leur bien-traitance, ainsi qu'aux besoins d'un élevage durable, rémunérateur, diversifié, et respectueux ». Les arguments se sont affinés, les acteurs enrôlés se sont diversifiés. La réappropriation de l'abattage des animaux et la possibilité de disposer d'alternatives au système d'abattage industriel sont posées comme un enjeu de société.

Dans le cadre de la nouvelle loi sur l'agriculture et l'alimentation[8], les parlementaires autorisent l'expérimentation d'abattoirs mobiles pour une durée de quatre ans, dans l'objectif d'identifier les éventuelles difficultés d'application de la réglementation européenne. Pour entrer en service, ces nouvelles structures d'abattage doivent recevoir un agrément délivré par le Préfet afin de bénéficier ensuite des inspections et de l'évaluation par les pouvoirs publics, comme pour n'importe quel abattoir.

Une réappropriation en chemin

Depuis, des groupes d'éleveur.se.s souhaitant concevoir et gérer de nouveaux outils d'abattage essaiment. Donner une bonne vie à leurs animaux implique de leur donner une bonne mort, c'est-à-dire d'éviter toute souffrance inutile, mais aussi de donner la mort pour de bonnes raisons, en respectant les produits qui en sont issus et en évitant le gaspillage (Mouret et Porcher, 2018 ; Confédération paysanne, 2020). Les projets qui se dessinent sont de deux types : en premier lieu des caissons mobiles permettant

[8] Article 73, Loi « pour l'équilibre des relations commerciales dans le secteur agricole et une alimentation saine et durable » (Egalim), votée le 2 octobre 2018.

l'abattage à la ferme, les étapes postérieures à l'étourdissement et la saignée se faisant dans l'heure dans un abattoir de proximité ; en second lieu des camions-abattoirs autonomes pouvant s'installer sur des aires d'accueil collectives situées à proximité de plusieurs fermes. En parallèle, les expériences de reprise par des paysan.ne.s d'abattoirs fixes de proximité se révèlent pérennes, et constituent une source importante d'expériences, de savoirs et de construction de normes, qui circulent entre projets et entre territoires (Riegel et *al.*, 2019).

Dans cette dynamique, la Confédération paysanne, la Fadear et l'association « Quand l'abattoir vient à la ferme » favorisent favorisent la mutualisation des réflexions, la mise à disposition de financements, la collaboration avec le ministère de l'Agriculture et les administrations territoriales. Mais la concrétisation est longue, compliquée et fragile, tout étant à inventer. L'ingénierie technique et administrative à s'approprier est considérable, et le caractère collectif de ces projets exige du temps. La pérennité économique des abattoirs fixes gérés par des paysans à Die (Drôme), Bourg d'Oisans (Isère), Saint-Auban-sur-Ouvèze (Drôme), Guillestre (Hautes-Alpes) et le Vigan (Hérault), nécessite par ailleurs de ne pas prendre de salariés pour éviter des charges fixes. Les éleveurs.se.s font fonctionner ces abattoirs en tant que « tâcherons » une fois par semaine.

Dans le Luberon comme dans d'autres territoires, les abattoirs de proximité ont fermé un à un depuis la fin des années 1980 (Forcalquier, Apt, Tarascon...) entre privatisations successives et faillites, certains s'étant maintenus, mais en se spécialisant (abattage porcin à Saint Saturnin). L'abattoir de Digne perdure, mais la filière viande est essentiellement concentrée sur l'abattoir de Sisteron, second abattoir ovin d'Europe, situé à 1 h 30 de route d'Apt. Alors que le Parc naturel régional du Luberon est engagé dans un Plan d'alimentation territorial (PAT) et soutient l'élevage pastoral sur son territoire, 30 % des fermes ovines et caprines ont disparu entre 1990 et 2010. Faute d'abattoirs à proximité, ou par rejet des structures industrielles, beaucoup d'éleveur.se.s en circuits courts, en particulier lors de l'Aïd, abattent eux-mêmes leurs agneaux à la ferme, ou font venir illégalement des bouchers ou des salariés d'abattoirs retraités disposant de leur propre matériel (Confédération paysanne PACA, 2018).

Sollicitée par des éleveur.se.s de brebis et de chèvres, la Confédération paysanne PACA s'est associée au PNR du Luberon, à l'INRA et à Biocoop Sud-Est en 2017 afin de réaliser un diagnostic plus poussé des besoins sur le territoire, avec le soutien financier de la Fondation de France. La centaine d'entretiens et de questionnaires réalisée par deux étudiant.e.s a montré qu'une mise à mort des animaux sur leur lieu de vie est souvent considérée comme la meilleure option par les éleveur.se.s (Menier, 2018 ; Laisse, 2018). À défaut, un camion-abattoir se déplaçant sur des aires d'accueil communes à plusieurs fermes s'est dessiné comme un compromis pour la quinzaine d'éleveur.se.s particulièrement intéressée. Avec de nouveaux partenaires (UMR Pacte, Association Le Maquis), la Confédération paysanne PACA a reçu un second soutien de la Fondation de France, afin d'accompagner ce projet (Confédération paysanne PACA, 2020).

Malgré la vision partagée entre éleveur.se.s de la pertinence éthique et économique d'un abattoir mobile, le soutien de partenaires territoriaux, et les ressources humaines et financières disponibles, sa concrétisation se révèle longue et complexe. S'affranchir de l'abattoir industriel représente une innovation de rupture, qui implique de lever des verrous socio-techniques progressivement générés par ce système dominant.

LES VERROUS D'UNE INNOVATION DE RUPTURE

> « Le camion mobile, c'est bien d'y penser, mais c'est tellement difficile de mettre en œuvre ! Il y a tellement de difficultés techniques. Et puis trouver les communes, les lieux, avec le mouvement vegan, le risque d'incendie du camion… Il va falloir trouver les trois communes ! C'est pas si simple, on a peut-être pas les mots, on a peut-être peur du refus. Ça fait peur un abattoir ; c'est pas un truc sympa à présenter à un maire » (Éleveur du groupe Luberon, 17 janvier 2020).

Le camion-abattoir : une filière de construction inexistante

Les premières discussions sur le prototype de camion-abattoir dans le Luberon montrent l'enchevêtrement de différents registres de rationalités, de sensibilités et de besoins. Concevoir un outil d'abattage, c'est discuter du type d'enclos pour que les bêtes s'y sentent bien, de l'architecture de la rampe d'accès pour sécuriser l'animal, de son mode d'étourdissement. Mais aussi de la présence de fenêtres sur les côtés ou sur le toit, pour bénéficier de la lumière du jour, et de la possibilité d'être vu, ou pas, de l'extérieur. Du choix de positionner le camion d'abattage sur la place du village pour redonner sa place à la mort dans nos sociétés, ou de l'éloigner des agglomérations pour éviter les tensions potentielles.

Le premier plan d'agencement du camion-abattoir est réalisé au printemps 2019 par l'Atelier paysan, une coopérative fondée par un agronome et un ingénieur, qui développe l'auto-construction de machines et d'outils agricoles par leurs usagers. Il est le fruit de discussions antérieures avec un autre groupe d'éleveur.se.s de Lozère, qui s'est inspiré du seul abattoir sur roues existant en France construit sur commande d'un éleveur pour la période de l'Aïd. Le groupe du Luberon envisage de faire circuler le camion-abattoir sur trois aires d'accueil dans le Luberon, au regard de l'éloignement respectif des éleveur.se.s intéressé.e.s sur le territoire. Il s'interroge sur le démarchage auprès des collectivités pour trouver ces aires d'accueil, et sur les obligations d'évacuation des eaux et des déchets d'abattage.

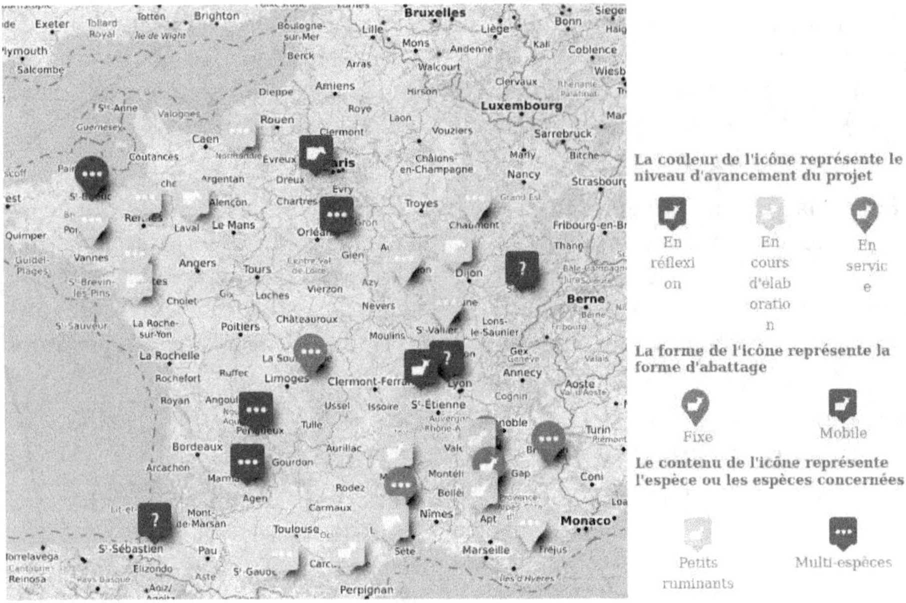

Carte 1 – **Projets de réappropriation de l'abattage**
Source : Confédération paysanne

Les plans du camion font l'objet d'autres réunions les mois suivants, au gré desquelles les éleveur.se.s présent.e.s évoluent, un groupe se stabilisant au printemps 2020 à six personnes. Mais la dynamique de conception est petit à petit freinée par l'absence de partenaire stable pour la construction de l'outil : depuis 15 à 20 ans, il ne se construit plus d'abattoirs en France, les fournisseurs de matériel sont peu nombreux et les compétences de recherche et développement font défaut. L'expert qui accompagne le projet encourage un partenariat avec un industriel reconnu, pour maximiser les chances d'obtenir l'agrément de l'administration. Ancien éleveur et directeur d'abattoir, Jacques a accompagné la reprise de plusieurs abattoirs en faillite par des collectifs de bouchers et de paysans, notamment à Guillestre et au Vigan. Mais la première entreprise pressentie a un objectif de brevet, alors que la Confédération paysanne souhaite une libre diffusion des plans de construction. L'Atelier paysan peut accompagner l'auto-construction de certaines pièces du camion-abattoir, mais ne peut prendre en charge leur mise en place ni leur maintenance. Cette auto-construction implique aussi pour les éleveur.se.s de se former à la soudure, et de dégager quatre jours de présence à l'Atelier paysan alors que certains éleveur.e.s du groupe sont surchargés de travail.

Une autre entreprise est identifiée, spécialisée en conception et construction d'équipements d'abattoirs. En parallèle, les connaissances, les attentes, et les exigences des éleveur.se.s en matière d'ingénierie du camion s'affirment, d'autant plus qu'ils se projettent comme tâcherons pour faire fonctionner à trois personnes minimum la chaîne d'abattage. Mobilisant leurs savoirs paysans et la connaissance de leurs animaux, ils remettent en question certaines routines techniques. Ainsi pour Émilien, le couloir classique d'amenée est un outil industriel qui effraie les bêtes, tandis que François envisage d'étourdir ses chèvres avec le matador par le côté ou l'arrière plutôt que de face et par le-dessus, comme cela se pratique généralement dans les abattoirs. Les plans et le cahier des charges de la construction évoluent et se précisent : une attention est portée à l'ergonomie pour les hommes et les animaux, à la fluidité entre chaque étape sur la chaîne, et à la cohérence d'ensemble de l'outil au regard du petit effectif qui sera abattu à chaque session d'abattage, trois à quatre journées par mois.

Mais l'entreprise reporte trimestre après trimestre le devis promis, puis exige des clauses de confidentialité sur le cahier des charges et le devis de l'unité d'abattage mobile. Le rapport de force qui s'installe, les intérêts commerciaux de l'entreprise, et la perte d'autonomie des éleveur.se.s les amènent à rompre avec cette entreprise. La visite fin 2020 d'un micro-abattoir construit en un an par un groupe d'éleveur.se.s avec l'appui de leur mairie (Saint-Auban-sur-Ouvèze) leur ouvre de nouvelles options techniques et financières et leur permet d'identifier un nouveau fournisseur d'équipements. En outre, un autre collectif paysan dans l'Aude élabore un camion-abattoir en conservant la maîtrise d'ouvrage. Le groupe du Luberon prend la décision de piloter l'achat d'une semi-remorque d'occasion, et de s'appuyer sur le prestataire du micro-abattoir de Saint-Auban-sur-Ouvèze pour l'installation et la maintenance du matériel. Afin d'être maître d'ouvrage et de solliciter des financements, les éleveur.se.s se constituent en association.

L'apprentissage et la mise en réseau entre pairs constituent ainsi des leviers déterminants dans la gestion des aléas et des contingences, et dans l'avancée de ces innovations. Les enjeux techniques ne sont cependant pas les seuls à appréhender : les attentes réglementaires et les craintes de l'administration ne sont pas simples à négocier.

L'administration : entre partenaire et adversaire

Les directions départementales de la protection des populations (DDPP) sont chargées de traiter les demandes d'agrément des abattoirs mobiles en expérimentation. L'attitude des administrations suscite la vigilance des paysan.ne.s. La stratégie à adopter fait débat : jouer la carte de la transparence avec les services sanitaires départementaux dès les premières étapes des projets, ou les tenir vaguement informés des avancées tout en déverrouillant les points potentiels de blocage avec le Ministère. Le contexte institutionnel est en effet mouvant, et les informations délivrées par les directions départementales ne sont pas toujours cohérentes avec celles de l'échelon national. L'organisation interne à l'administration est bousculée : dans un premier temps, les DDPP sont censées accompagner les porteurs de projets sur leurs territoires respectifs, et faciliter l'élaboration des dossiers de demande d'agrément. Une instruction technique de la Direction générale de l'alimentation (DGAl) du 22 octobre 2019 les invite ensuite à faire remonter tout projet ou dépôt de dossier d'agrément relatifs à des abattoirs mobiles. Un vade-mecum de questions/réponses est centralisé au niveau national depuis février 2020 et doit être formalisé en collaboration avec la Confédération paysanne. À l'été 2020, il n'est plus d'actualité que les administrations départementales accompagnent humainement et techniquement les projets.

La dimension expérimentale des abattoirs mobiles vaut donc aussi pour l'administration, confrontée à une « déconcentration » et une « décentralisation » de l'activité d'abattage, ne fût-ce que parce que les abattoirs mobiles circuleront souvent sur plusieurs départements. En pratique, elle doit examiner l'applicabilité des normes en matière sanitaire, de bien-être animal, de gestion des déchets et des eaux usées, de délivrance des agréments, de contrôle vétérinaire ante mortem et post-mortem… et ce dans des espaces, des temporalités et avec des interlocuteurs inédits. Dans ce contexte, les obligations respectives des éleveur.se.s et de l'administration ne sont pas encore claires et évoluent d'une réunion et d'un territoire à l'autre. C'est le cas pour l'inspection sanitaire des carcasses dans le projet Luberon, qui relève pour certains acteurs de la responsabilité du service public, et qui pour d'autres peut être assumée par des vétérinaires libéraux, voire par des éleveurs formés. Dans le Vaucluse, l'administration départementale tergiverse quant aux moyens financiers à allouer pour l'inspection ante mortem des carcasses si les aires d'abattage se multiplient. Certains responsables administratifs et élu.e.s régionaux de la Région Sud refusent en outre d'accorder des financements pour la construction de l'unité d'abattage mobile du Luberon, malgré le soutien du PNR du Luberon et de l'État à ce projet. Leurs questions et leurs positions lors des réunions avec les éleveur.se.s témoignent de leurs engagements politiques et de leurs liens avec les coopératives d'élevage affiliées à l'abattoir de Sisteron, et avec le syndicat agricole majoritaire. Leur résistance relève également d'une certaine difficulté à se représenter ce nouveau système d'abattage, dont les incercitudes et le caractère pionnier suscitent des craintes. C'est donc à une absence d'imaginaire de la transition, de nouveaux futurs possibles, et à une culture comptable et procédurière du risque, que se confrontent aussi les porteurs de projets d'abattoirs mobiles.

Les relations entre les réseaux paysans et l'administration en charge des questions agricoles sont ainsi reconfigurées par cette dynamique d'innovation. Pour les éleveur.se.s du Luberon participant à la conception du camion-abattoir la dimention politique et symbolique de ce projet génère une injonction morale à réussir, qui s'ajoute aux défis opérationnels décrits précédemment. Pour autant, leurs motivations à s'engager dans cette innovation de rupture sont d'abord individuelles, liées à leurs systèmes paysans et agro-pastoraux. Leur implication dans ce projet repose sur une même aspiration à exercer leur auto-gouvernement, y compris en matière d'abattage.

ÉLEVAGE PAYSAN ET PASTORAL : UN MÉTIER ET UN GENRE DE VIE

Pratiques agroécologiques et auto-gouvernement

Les six éleveur.se.s du Luberon engagés dans le projet de camion-abattoir sont relativement éloignés géographiquement, ne se connaissent pas tous, et ne font pas partie des mêmes filières : chevrière-fromagère et ovine-carnée. Il serait d'ailleurs plus exact de parler de six fermes familiales, pour la moitié d'entre elles en GAEC, dans lesquelles la fromagerie, l'administration, la comptabilité ou la communication reposent sur les compagnes, ou une partie de l'activité d'élevage sur un fils ou une sœur. Ces fermes ont en commun de s'inscrire dans un référentiel territorial plutôt qu'un référentiel de filière. Les troupeaux sont de races rustiques et méditerranéennes : chèvres rove et provençale ; brebis mérinos, mourerous, noires du Velay, brigasque. La polyculture-élevage et le pastoralisme sont de mise, sur des parcs à la ferme, des parcours dans les collines, et pour certains en transhumance. Sur les six éleveur.se.s du projet, trois se revendiquent d'abord berger.ère.s, même si les contraintes du métier et la maîtrise de la transformation et de la vente les amènent parfois à prendre un.e salarié.e pour la conduite du troupeau. La plupart des éleveur.se.s produisent leur fourrage pour compléter l'alimentation naturelle durant la nuit ou en hiver. Certains ont aussi le goût de l'auto-construction et de l'innovation mécanique, et récupèrent du matériel agricole pour le rénover et l'adapter à des besoins précis.

Ces pratiques, de même que les appellations dont les fermes se prévalent (élevage pastoral, ferme bio, permaculture, biodynamie, AOP...), impliquent un dialogue intime avec le territoire, qui se manifeste dans leur stratégie économique de circuits courts (vente à la ferme et sur les marchés, AMAP, magasins de producteurs, restaurateurs locaux). Sans forcément partager les mêmes opinions politiques, itinéraires techniques et visions du métier, plusieurs des éleveur.se.s sont représentant.e.s de la Confédération paysanne. Ils sont parfois élus communaux, et en charge d'autres mandats de représentation : syndicat ovin, syndicat caprin, Safer, chambre d'agriculture, syndicat des fermes en biodynamie, présidence d'AOP…

Ce que ces fermes ont surtout de commun relève de la pratique de l'observation, du questionnement et de l'ajustement afin de générer de la marge de manœuvre et du sens dans leurs activités, ainsi qu'une valorisation juste de leur travail. Leur aptitude à s'affranchir des logiques linéaires et standardisées des secteurs agro-industriels se manifeste dans la création de filières de niche. C'est le cas de la ferme d'Émilien et Émilie, membre de l'association Mérilainos, qui permet une transformation de leur laine à haute valeur ajoutée. Ou de l'AOP brousse du Rove, plus petite AOP fromagère d'Europe, dont François est l'un des fondateurs.

Au sein des six fermes portant projet de camion-abattoir, les réflexions et les choix professionnels semblent indissociables d'un genre de vie, impliquant une éthique et une esthétique du métier, ainsi qu'une aspiration fondamentale à l'autogouvernement. J'entends par-là cet art de se gouverner sans maître et d'exercer sa liberté, de prendre des initiatives et de contribuer aux décisions qui affectent le quotidien (Zask, 2019). Lorsque ce genre de vie est contrecarré dans son exercice, l'auto-gouvernement des éleveur.se.s se manifeste encore par le refus de consentir à l'existant, en l'occurrence aux modalités d'abattage industriel.

Fourrage d'hiver en bergerie. Source : J. Riegel

L'élevage pastoral, un genre de vie. Source : É. Bonnet

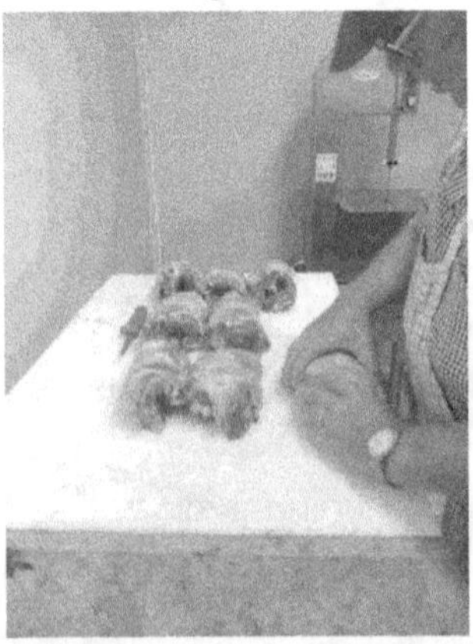

Préparation artisanale des épaules roulées. Source : J. Riegel

Présenter et valoriser les produits de son élevage. Source : J. Riegel

Planche 1 – **GAEC Les Cabanes**

C'est le cas d'Émilie, qui a suivi une formation pour devenir éleveuse de chèvres et fromagère, mais qui refuse de passer à la production tant qu'elle ne dispose pas d'alternative à l'abattoir de Sisteron ou de Digne. Dès 2012, elle remet ainsi en cause le système d'élevage laitier caprin, qui envisage les chevreaux comme des sous-produits de la filière, à gérer comme des déchets. Elle met ses compétences de bergère au service des collectivités, afin que son troupeau entretienne les couverts forestiers de façon à lutter contre les risques d'incendie. À Pâques ou lors de l'Aïd, elle a pu vendre certains de ses animaux à des clients antillais, réunionnais, musulmans, amateurs de cabris de plus de six mois et qui prennent le temps de choisir une bête. Ils acceptent aussi d'y mettre un certain prix, et sont attachés à connaître la vie passée de l'animal, en se souciant des conditions de sa mort.

Éleveur de brebis, Richard a rejoint le projet de camion-abattoir avec détermination : son souci de transmettre la ferme à son fils dépend fortement de ses possibilités d'abattre lui-même et en conformité ses agneaux, notamment pour la vente halal. Il ne s'est pas habitué à amener ses agneaux à Digne, au stress qu'il perçoit chez eux, et a des doutes quant à la traçabilité de la viande qu'il récupère.

Les autres éleveurs faisant abattre leurs agneaux à l'abattoir de Sisteron ont en fin de compte peu à redire sur celui-ci : le travail est bien fait, les animaux en bio passent en priorité à l'aube, la qualité des carcasses est régulière. Mais pour Christophe, l'aller-retour pour amener ses animaux et récupérer ses carcasses à réaliser deux fois par semaine est pesant, et ses agneaux sont stressés de ce long déplacement avant l'aube puis d'être réceptionnés par des personnes inconnues. Quant à Émilien, il s'appuie sur un bouvier prestataire qui transporte ses agneaux, récupère les carcasses et assure une première découpe. Mais celle-ci lui semble grossière, générant du gaspillage et valorisant mal ses animaux, alors que la vente directe appelle le souci du détail. La prise en charge de ses animaux dans le camion est parfois brutale lorsqu'il y a des remplacements de salariés, et sa dépendance globale à ce système le contrarie :

> « Sisteron, c'est très fonctionnel. C'est robotisé, ils les font passer de petits lots en petits lots, et les barrières sont automatiques. Mais je ne connais pas les gens, je n'ai pas de liens avec ces personnes qui font pourtant partie de notre boulot. Et dans ce gros abattoir où je ne maîtrise rien, s'il y a une polémique, j'ai plus personne sur le marché. Je n'ai pas la maîtrise des risques » (16 janvier 2020).

Pour François et Sébastien, dont les chevreaux « partent » à l'engraisseur depuis respectivement 25 et 10 ans, le refus de consentir s'est manifesté tout récemment, faisant son chemin en même temps que l'élaboration du camion-abattoir. Le devenir des chevreaux est un angle mort de la production fromagère et un impensé parmi les consommateurs. Jadis commercialisés comme les volailles et tués à la ferme, les chevreaux sont désormais achetés par un engraisseur de la Région PACA pour un prix symbolique, sa structure comptant environ 80 000 chevreaux. Ils sont ensuite nourris au lait en poudre couplé d'antibiotiques, puis abattus en Italie ou en Espagne. Les amener à l'abattoir représente un coût qui fragiliserait l'équilibre des fermes caprines, cette impasse conduisant au traitement des cabris comme des « sous-produits » de l'élevage, c'est-à-dire une forme de déchets.

Parcours en collines. Source : GAEC Petit Luberon

Le métier d'éleveur-berger. Source : GAEC Petit Luberon

Transformer à la ferme. Source : J. Riegel

Un système familial. Source : GAEC Petit Luberon

Planche 2– **GAEC Petit Lubéron**

L'auto-gouvernement que ces éleveur.se.s veulent exercer n'est pas un pur libre arbitre de l'individu, qui serait « hors-sol », auto-suffisant, détaché de tous liens. Il relève d'un pouvoir d'agir sur et avec leur environnement quotidien (Tafere, 2019). Cet auto-gouvernement est à la fois soutenu et contraint par des lieux, des animaux, des personnes, avec lesquels les éleveur.se.s dialoguent (Stock et Forney, 2014 ; Zask, 2016, p. 38). Les attachements qu'ils.elles tissent avec toutes ces entités les émeuvent, les influencent, les mettent en mouvement et leur *font faire* des choses (Latour, 2000, p. 204), comme dans le cas du projet de camion-abattoir.

Des transformations nécessaires à la réappropriation de l'abattage

Le goût des paysan.ne.s pour l'autonomie (penser et choisir librement) et l'indépendance (faire par soi-même) a deux corollaires : le manque de temps et une solitude professionnelle, malgré les valeurs d'entraide et de sociabilité portées au sein de la Confédération paysanne. Manifeste chez tous les actifs agricoles, qui notoirement œuvrent 70 heures par semaine et prennent une semaine de vacances par an, le manque de temps est encore plus aigu dans les systèmes agro-écologiques. La réactivité et l'organisation du quotidien sont des conditions de survie, et peu d'activités sont de nature à être reportées lorsque c'est le moment de les faire. La traite du matin et du soir, la mise bas, la montée en alpages, une bête malade, la saison des marchés, celle de la fromagerie, les campagnes de vaccination, la période de tonte des brebis, une fenêtre météo pour la fauche… Les fermes impliquées dans ce projet d'abattoir mobile s'appuient sur des organisations familiales et mobilisent peu le salariat ou la prestation. Par conséquent les urgences sont chroniques, et la disponibilité pour participer à la conception du camion-abattoir est aléatoire. Si le bénéfice moral d'un camion-abattoir est clair pour tous les éleveur.se.s, le coût du projet en termes de nouvelles contraintes, d'investissement et de risques, est par ailleurs conséquent pour chacun.e.

Pour les éleveur.se.s d'agneaux, il s'agit de revoir la réception des carcasses et la découpe. Deux des éleveurs s'appuient sur des prestataires liés à l'abattoir de Sisteron qu'il va falloir « lâcher », avec la menace de ne pouvoir faire marche arrière. Pour Christophe, cela signifie trouver un nouveau boucher à proximité, ou se former à la découpe et mutualiser un atelier avec d'autres. Émilien prévoit plutôt d'agrandir et de mettre en conformité son atelier, dans lequel il se forme depuis plusieurs années à la découpe de détail auprès d'un boucher de métier. En ce qui concerne Richard, le camion-abattoir est plutôt une opportunité de développement de ses livraisons en vente directe, et de passation de la ferme à son fils. Dans tous les cas, la demande locale en agneaux n'est pas pourvue dans le Luberon, et les éleveur.se.s n'ont pas de préoccupations sur l'aval de leur activité, certaines Biocoop étant même en demande pour leur rayon de boucherie au détail.

Pour les chevrier.ère.s, prendre part au camion-abattoir représente en revanche une évolution de système : elle implique de se penser comme producteurs de cabris et d'imaginer une offre carnée, de l'abattage à la découpe, de la transformation à la livraison et la vente. Conserver une cinquantaine ou une centaine de chevreaux sous les mères durant plusieurs mois demande aussi d'agrandir les bergeries et de réduire la production de fromages, alors que la plus-value dans la filière laitière est considérable. François a fait ses calculs : pour compenser sa moindre valorisation fromagère, ses chevreaux (d'environ 10 kg) devraient se vendre 450 € la carcasse, la valorisation réelle avoisinant plutôt les 150 €. Pouvant compter sur des restaurateurs ou des fromagers gastronomiques de sa clientèle, il envisage de faire transformer sa viande sous la forme de terrines et de verrines, afin d'augmenter ses marges et de vendre toute l'année. Il a agrandi sa bergerie cet hiver afin, pour la première fois, de garder ses chevreaux sous les mères. En quinze jours ce printemps, son troupeau est passé de 100 à 250 animaux à nourrir et soigner, avec une perte économique estimée de 5 000 à 10 000 € pour cette première année de changement de modèle. Sébastien, après avoir testé la découpe d'un chevreau et d'un agneau avec un boucher, réfléchit plutôt à des solutions de voisinage et projette une transformation artisanale pour sa clientèle d'habitués. Émilie envisage de passer en production, et pourquoi pas de proposer des repas à la ferme. Elle souhaite aussi initier une démarche de Recherche et Développement en tannerie avec l'Atelier paysan pour la valorisation des peaux issues du camion-abattoir.

Photographie 2 – **Agrandissement de la bergerie en auto-construction à La Jacourelle**.
Source : François Borel

Les réflexions et les démarches des éleveur.se.s liées au projet d'abattoir mobile cheminent de manière individuelle. Les regroupements collectifs sont rares, s'effectuant lorsque des décisions techniques sont à prendre, qu'il s'agisse de présenter le projet à des pairs, ou de visiter des expériences similaires. Le « groupe » n'est pas envisagé comme un espace de ressources, comme un commun en lui-même, et chaque ferme se ressent comme singulière, échappant à l'expérience des autres. Cette perception est sûrement liée aux différences de troupeaux et d'activités de production. Les changements qu'implique pour chacun.e un futur camion-abattoir sont donc envisagés dans une certaine solitude, qui entraîne par moments des phases de démotivation ou de retrait de certain.e.s. La loyauté au projet constitue néanmoins un moteur pour plusieurs éleveur.se.s qui ont à cœur de démontrer la faisabilité d'outils d'abattage paysans et leur viabilité économique, ce que galvanisent les freins administratifs et politiques rencontrés.

L'engagement dans l'innovation chemine par à coups, de façon sourde, puis lors de mobilisations collectives soudaines, même si la gouvernance horizontale envisagée pour le projet ne s'opèrent pas exactement comme imaginé.

DE LA FERME AU COMMUN

Indépendance *versus* partage des responsabilités

Le « second cercle » du projet de camion-abattoir que coordonne la Confédération paysanne PACA, est constitué de représentant.e.s du PNR du Luberon, de l'association d'éducation populaire Au Maquis, de Biocoop Sud-Est et du Laboratoire de recherche Pacte. Dans leurs discours et leurs pratiques de travail, ces acteurs[9] se revendiquent des courants de la démocratie participative et de l'intelligence collective. Ils sont attachés au processus de co-construction du camion-abattoir par et avec les éleveur.ses, et à la dynamique horizontale du projet. La difficulté à matérialiser un collectif par des réunions régulières et à construire un processus coopératif génère de l'inconfort et un certain désarroi. Ces acteurs ont pour rôle de faciliter le projet, ainsi que l'insertion du camion-abattoir dans le territoire, mais sont soucieux de ne pas s'ingérer dans le groupe d'éleveur.se.s. Ils ont pourtant l'envie de faire avancer le projet à différents niveaux, sans toujours se sentir légitimes et autorisés à agir.

Il est vrai que la conception du camion-abattoir implique une montée en compétences technique et juridique considérable, que les éleveur.se.s acquièrent de leur côté. Pour autant, il n'y a pas de consentement de leur part, et parfois du refus affirmé, que d'autres acteurs (consommateurs, associations, collectivités…) interfèrent dans des décisions relatives à la mort de leurs animaux, sur laquelle ils.elles aspirent justement à reprendre la main. À l'occasion d'un échange sur le financement de l'outil, un éleveur exprime par exemple son souhait de faire appel aux financements publics

[9] Je m'inclus dans cette analyse.

pour les investissements, mais pas pour le fonctionnement du camion-abattoir, de façon à préserver l'indépendance des éleveur.se.s dans la gestion. De ce fait, la charge mentale de cette innovation semble lourde, parfois écrasante. Certains expriment par moments de la lassitude ou encore de la culpabilité :

> « Est-ce que je vais trouver le temps d'y arriver, de m'impliquer dans le projet ? Est-ce que je vais pouvoir ? (…) Il y a cette propension du paysan à se charger la mule. À vouloir être autonome. Le projet on a dit : on va le faire en autonomie. Politiquement, c'est génial, mais en pratique… on a même parlé de faire l'auto-construction nous-mêmes ! Je ne sais pas si c'est notre radicalité, ou la demande de la société ? » (01 juillet 2020).

L'éthique de la responsabilité et le goût de l'auto-gouvernement, au cœur du genre de vie de nombreux paysan.ne.s, semblent paradoxalement influencés par une acception néolibérale de la responsabilité. Si l'auto-gouvernement et l'indépendance sont aux fondements des sociétés agro-pastorales sans États (Scott, 2019), puis de la démocratie libérale (Zask, 2016), ils trouvent aussi leur expression dans les gouvernements néolibéraux. Ces derniers n'instaurent plus un rapport d'obéissance avec leurs administrés en échange de mécanismes de protection et de redistribution par les institutions, mais distillent une injonction à la responsabilité de son propre bien-être matériel et moral (Hache, 2007). Dans son acception individualiste, cette injonction à l'autonomie et à la responsabilité personnelle nie les relations de dépendance sur laquelle la société repose, qu'il s'agisse de rapports de pouvoirs et d'exploitation, ou de rapports d'entraides et de coopération (*ibid.*). Pour S. Mouret et J. Porcher (2018), exercer sa responsabilité vis-à-vis de la mort des animaux d'élevage, ce n'est pas forcément tout faire soi-même, mais mettre en place les possibilités de son exercice. Cela rencontre le point de vue de Gaby, qui réfléchit à ce qui relève de sa responsabilité et de sa traduction pratique :

> « Moi je suis là. Je tiens la bête, je prends mes responsabilités. Quand S. fait le geste, je n'ai pas l'objet en main, mais je suis d'accord avec lui. Je pense qu'on doit être là, pour la bête. On lui doit d'être là, comme personne référente. Si l'éleveur est là, il fait encore son travail d'éleveur : il accompagne. Mais le geste… Est-ce qu'il doit faire le geste ? Je ne sais pas. Mais être là c'est tout voir, et c'est aussi pouvoir améliorer, adapter. Si tu trouves que c'est injuste, cruel… quand tu vois, tu peux améliorer les choses. Pour moi, la responsabilité c'est ça : avoir de l'emprise, pouvoir modifier les choses (…). Faire, afin de prendre tes responsabilités… Au début tu peux trouver ça lourd, difficile… pesant. Mais avec le temps, ça devient satisfaisant. Ça donne du sens. Et mieux c'est organisé, et plus ça devient simple. Et ce projet de camion-abattoir, peut-être que cela aura du sens pour les animaux, et les éleveurs, et que ce sera plus simple » (2 juillet 2020).

Les paysan.ne.s ayant repris les abattoirs fixes de Guillestre et du Vigan témoignent effectivement de leur satisfaction d'assumer jusqu'au bout leur responsabilité d'éleveur.se, de la production de sens que cette reprise a engendrée, mais aussi de l'importance du collectif pour supporter cette charge (Riegel *et al.*, 2019). Pour ce qui est du camion-abattoir dans le Luberon, la capacité du groupe d'éleveur.se.s à construire un commun et à s'en partager la responsabilité s'est vue mise à l'épreuve, non du fait de verrous techniques et administratifs extérieurs, mais du fait de conflits moraux.

Un outil d'abattage partagé : convergence éthique, divergence morale

À l'occasion d'une réunion sur le cahier des charges technique du camion-abattoir, le choix du mode d'étourdissement s'est posé, entre le matador (étourdissement mécanique) et l'électronarcose (étourdissement électrique). Or le matador, beaucoup moins cher et bien plus facile d'usage aux dires des éleveur.se.s et des salarié.e.s d'abattoir, est incompatible avec l'abattage rituel. Mais la vente d'agneaux halal représente 25 % à 100 % du chiffre d'affaires des éleveur.se.s ovins du groupe, dont certain.e.s ont également des relations amicales et anciennes avec des client.e.s musulman.e.s.

Des oppositions vives à l'abattage rituel sont exprimées par un éleveur caprin, partagées par l'expert qui accompagne la conception technique de l'abattoir mobile. Pour celui-ci, l'abattage rituel est incompatible avec les efforts pour restreindre autant que possible le stress et la souffrance animale. Son vécu de directeur d'abattoir lui a permis, selon ses propres mots, de « mesurer la détresse des animaux abattus selon ces pratiques rituelles ». En ce qui concerne l'éleveur, il s'agit de pratiques « archaïques », en contradiction avec la finalité éthique du projet et les attentes des consommateurs en matière de bien-être animal. Les autres paysan.ne.s mettent en avant la complémentarité villes-campagnes impérative dans le Luberon, l'inclusion de tous les types de consommateurs de leur territoire, ou encore, quel que soit le mode d'étourdissement utilisé, l'importance de la relation avec l'animal au moment de son abattage. Pour ce qui est des petits ruminants comme les ovins et les caprins, l'étourdissement par le matador ou l'électronarcose ne garantit pas, selon certain.e.s, moins de souffrance qu'un égorgement prompt, réalisé par une personne avec laquelle l'animal se sent en confiance. Si la souffrance ds animaux avant la mort n'est pas admise par les éleveur.se.s, les formes d'objectivité et d'intersubjectivité sont variables d'un.e éleveur.se à l'autre, comme Mounet et Chanteloup l'ont montré pour les chasseurs (2019). Les choix techniques pour le camion-abattoir n'étant pas les mêmes d'un mode d'abattage à l'autre, il incombe au groupe d'éleveur.se.s de se déterminer, dans un contexte national où ce qui fait la mort « bonne à voir ou à cacher » croise des enjeux culturels autant qu'économiques, politiques et sanitaires (Givre, Franck et Gardin, 2019).

Les répercussions médiatiques d'un camion-abattoir pratiquant le rituel inquiètent d'ailleurs différents acteurs du projet, préoccupés de ne pas fragiliser la réputation d'une innovation si difficile à conduire. En parallèle, certaines administrations préoccupées par les abattages non légaux en période de l'Aïd, et par une pratique souvent jugée « déplacée » malgré les formes de contrôle et d'intervention des pouvoirs publics (Franck, Gardin et Givre, 2015), sont favorables à des outils d'abattage paysan ouverts au sacrifice. Au sein de la Confédération paysanne, la position est plutôt de délibérer de cette question à une autre échelle, le débat s'ouvrant à peine au sein du syndicat.

Un compromis opérationnel se dégage au sein du groupe Luberon : le rituel pourrait être pratiqué dans le camion-abattoir moyennant une électronarcose avant la saignée. L'électronarcose est considérée comme un étourdissement réversible n'entraînant pas la mort définitive de l'animal, et elle n'est théoriquement pas rejetée par certaines autorités religieuses. Pour les deux membres du groupe aux points de vue les plus opposés il s'agit, au nom d'une même préoccupation de respect de l'animal, de renoncer à ses principes moraux : accepter pour l'un que le rituel soit pratiqué au sein de l'outil commun ; accepter pour l'autre de pratiquer un étourdissement jugé brutal avant la saignée. Un tel compromis ne signifie pas faire un moindre choix moral ou revoir ses valeurs morales à la baisse, mais accepter de tenir ensemble différentes visions morales et de ne pas imposer ses normes (Hache, 2011). Sa concrétisation se révèle cependant impossible pour l'instant : aucun sacrificateur pratiquant le rituel avec étourdissement n'étant identifié à ce jour.

*****

La réappropriation de la mort de leurs animaux par les réseaux paysans est en chemin, et donne lieu à différentes démarches d'innovations. Le projet de camion-abattoir dans le Luberon, en lien avec ceux des autres territoires, a déjà contribué à ébranler des verrous socio-techniques, cognitifs et politiques à l'échelon national et territorial. En s'impliquant dans cette innovation de rupture, les éleveur.se.s sont déjà *affectés* par cette expérience, qui a modifié leur imaginaire, leurs choix professionnels, et leurs relations avec leurs partenaires humains et animaux. La trajectoire de ce projet montre aussi qu'en agroécologie, les innovations de rupture valent autant par leur exemplarité symbolique que technique, comme l'analyse François Léger (Baret et Léger, 2018). Elles connectent en effet des acteurs agricoles et non agricoles pouvant être géographiquement, socialement ou culturellement éloignés, mais ayant des désirs communs de rompre avec des systèmes dominants et de donner corps à des visions alternatives du monde.

À cet égard, l'attention portée aux situations et aux narrations singulières des éleveur.se.s interroge la possibilité d'unifier une norme de bien-être animal en matière d'abattage paysan. Lorsqu'il s'agit de penser une bonne mort animale dans l'abattage, et de l'incarner jusque dans ses gestes et avec ses animaux, le fait même de vouloir normer l'abattage pose problème, en tant qu'étape et procédure autonomes de l'élevage. Les éleveur.se.s envisagent en effet la mort bonne (ou la meilleure possible), lorsqu'elle est en continuité et en cohérence avec l'avant et l'après de l'abattage, toujours singuliers. L'avant de la vie des brebis et des chèvres au sein d'un troupeau, aux mains d'un.e éleveur.se, dans l'histoire d'une ferme, sur des itinéraires pastoraux. Et pour certain.e.s, l'après de l'abattage dans le traitement des carcasses, leur transformation en viande, sa présentation et sa valorisation comme un prolongement de sens, et ce jusque dans la reconnaissance de celui ou de celle qui la mange.

BIBLIOGRAPHIE

BARBIER Marc, ELZEN Boélie (eds), 2012, *System innovations, knowledge regimes, and design practices towards transitions for sustainable agriculture*, Paris, INRA Édition.

BARET Philippe V., STASSART Pierre M., VANLOQUEREN Gaëtan, VAN DAM Julie, 2013, *Dépasser les verrouillages de régimes socio-techniques des systèmes alimentaires pour construire une transition agroécologique*, Actes du 1er Congrès interdisciplinaire du développement durable, ULB, UCL, Namur.

BARET Philippe, LÉGER François, 2018, « Au-delà des ruptures, quels horizons ? Dialogue entre deux agroécologistes », *Pour*, vol. 234-235, n° 2, 2018, p. 313-322.

BOUKALA Mouloud, GIVRE Olivier, 2019, « Multiplicité et transformations des morts animales dans les sociétés contemporaines », *Frontières*, vol. 30, n° 2. https://doi.org/10.7202/1062439ar

Confédération paysanne PACA, 2018, *Développer les pratiques d'élevage durables à travers une expérimentation innovante d'outil d'abattage de proximité*, Projet de recherche-action Eco-agri 2017, note intermédiaire.

Confédération paysanne PACA, 2019, *Développer les pratiques d'élevage durables à travers une expérimentation innovante d'outil d'abattage de proximité*, Dossier scientifique déposé pour l'appel à projet de la Fondation de France « Transition agroécologique et alimentaire ».

Confédération paysanne, 2020, *Cause animale, cause paysanne*, Utopia.

DELAVIGNE Anne-Elène, 2012, « La bête des bouchers, bouleversements d'un métier », in Bernadette Lizet, Jacqueline Millet (dir.), *Animal certifié conforme. Déchiffrer nos relations avec le vivant*, Paris, Dunod, Muséum National d'Histoire naturelle, p. 119-136

DELAVIGNE Anne-Elène, 2006, « L'abattoir d'Arles, un lieu de rencontre autour des animaux », *Ruralia*, n° 18/19, mis en ligne le 28 août 2007, consulté le 02 mai 2019. http://journals.openedition.org/ruralia/1231

DEMEULENAERE Élise, GOLDRINGER Isabelle, 2017, « Semences et transition agroécologique : initiatives paysannes et sélection participative comme innovations de rupture », *Natures Sciences Sociétés*, Suppl. 4/2017, p. 55-59.

Fadear, Confédération paysanne, 2019, *Favoriser l'abattage de proximité. Guide pour les projets d'abattoirs paysans*. http://www.agriculturepaysanne.org/files/guide-abbatoir-de-proximite.pdf

FRANCK Alice, GARDIN Jean, GIVRE Olivier, 2015, « La mort animale rituelle en ville : une approche comparée de la "fête du sacrifice" à Istanbul, Khartoum et Paris », *Histoire urbaine*, vol. 44, n° 3, p. 139-168. https://doi.org/10.3917/rhu.044.0139

GIVRE Olivier, FRANCK Alice, GARDIN Jean, 2019. « Voir et montrer la mort animale », *Frontières*, vol. 30, n° 2. https://doi.org/10.7202/1062440ar

GOULET Frédéric, VINCK Dominique, 2012, « L'innovation par retrait. Contribution à une sociologie du détachement », *Revue française de sociologie*, vol. 53, n° 2, p. 195-224.

GUIGON Sylvie, JACQUES-JOUVENOT Dominique, 2007, « Choupette et Pimprenelle : les bêtes curieuses aux abattoirs », *Travailler*, vol. 17, n° 1, p. 179-196.

HACHE Émilie, 2007, « La responsabilité, une technique de gouvernementalité néolibérale ? », *Raisons politiques*, vol. 4, n° 28, p. 49-65.

HACHE Émilie, 2011, *Ce à quoi nous tenons. Propositions pour une écologie pragmatique*, Paris, La Découverte, 270 p.

HARAWAY Donna J., 2020 [2016], *Vivre avec le trouble*, Éditions des Mondes à faire, 328 p.

HATCHUEL Armand, 2000, « Intervention Research and the Production of Knowledge », in Marianne Cerf and al. (eds), *Cow up a tree. Knowing and learning for change in agriculture. Case studies from industrialised countries*, Paris, INRA éditions, p. 55-68.

HERMESSE Julie, HECQUET Corentin, STASSART Pierre M., 2018, « Verrouillage du système semencier et enjeux de sa réappropriation », *Études rurales*, n° 202, mis en ligne le 01 juillet 2018, consulté le 07 février 2019. http://journals.openedition.org/etudesrurales/14909

INGOLD Tim, 2013, *Marcher avec les dragons*, Zones sensibles, 511p.

JOURDAN Félix, HOCHEREAU François, 2019, « La mise en application d'un règlement de protection animale au regard de la structuration des abattoirs français », *Anthropology of food*, n° S13, mis en ligne le 03 avril 2019, consulté le 03 avril 2019. http://journals.openedition.org/aof/9742

LABUSSIÈRE Olivier, 2020, « Transition énergétique », *Dictionnaire critique de l'anthropocène*, CNRS.

LAISSE Raphaëlle, 2018, *Durabilité des abattoirs de proximité. Une première analyse*, mémoire de fin d'études, Isara Lyon, Confédération paysanne.

LATOUR Bruno, 2000, « Factures/fractures : de la notion de réseau à celle d'attachement », in André Micoud, Marc Peroni (eds), *Ce qui nous relie*, La Tour d'Aigues, L'Aube, p. 189-207.

MENIER Étienne, 2018, *Expérimentation d'un outil innovant d'abattage de proximité pour une « bonne mort » des animaux d'élevage : enquête socio-anthropologique auprès des éleveurs ovins et caprins du Luberon*, mémoire de Master 2 « Environnement, développement, territoires, sociétés », AgroParisTech.

MOUFFE Chantal, 2016, *L'illusion du consensus*, Albin Michel, 200 p.

MOLINIER Pascale, PORCHER Jocelyne, 2006, « À l'envers du bien-être animal. Enquête de psychodynamique du travail auprès de salariés d'élevages industriels porcins », *Nouvelle revue de psychosociologie*, vol. 1, n° 1, p. 55-71.

MOUNET Coralie, CHANTELOUP Laine, 2019, « Les pratiques de chasse face à la sensibilité animale. De l'invisibilité à l'éthique de chasse ? », *Frontières*, vol. 30, n° 2. URL : 10.7202/1062442ar

MOURET Sébastien, 2012, *Élever et tuer des animaux*, Paris, Puf.

MOURET Sébastien, PORCHER Jocelyne, 2018, « L'abattoir, de l'usine à la ferme. Éthique et morale dans les dynamiques d'innovation des systèmes agroalimentaires », in Guy Faure, Yuna Chiffoleau, Frédéric Goulet, Ludovic Temple, Jean-Marc Touzard (dir.), *Innovation et développement dans les systèmes agricoles et alimentaires*, Versailles, Éditions Quæ, 260 p. https://hal.inrae.fr/hal-02791088/document

OGIEN Albert, LAUGIER Sandra, 2017, *Antidémocratie*, Paris, La Découverte, 224 p.

PIERRE Éric, 1998, « La souffrance des animaux dans les discours des protecteurs français au XIXe siècle », *Études rurales*, n° 147-148, p. 81-97.

PORCHER Jocelyne, 2003, *La mort n'est pas notre métier*, Paris, Ed. de l'Aube.

PORCHER Jocelyne, 2011, *Vivre avec les animaux. Une utopie pour le XXIe siècle*, Paris, La Découverte, 168 p.

PORCHER Jocelyne, LÉCRIVAIN Élisabeth, SAVALOIS Nathalie, MOURET Sébastien, 2014, *Livre blanc pour une mort digne des animaux*, Paris, Les Éditions du Palais, 104 p.

RÉMY Catherine, 2009, *La fin des bêtes. Une ethnographie de la mise à mort des animaux*, Paris, Economica.

RIEGEL Julie, 2018, « Une neutralité militante : les médiateurs du dialogue territorial », *Terrains/Théories*, n° 9, mis en ligne le 14 décembre 2018. http://journals.openedition.org/teth/1757

RIEGEL Julie, PORCHER Jocelyne, BEL Olivier, DINARD Stéphane, 2019, *Vers des abattoirs paysans. Trajectoire, épreuves et portée d'une réappropriation de la mort des animaux d'élevage*, Actes du Colloque « Localiser l'épreuve démocratique : assemblages, circulations, imaginaires », GIS Démocratie et Participations, MSH Saint-Denis, du 14 au 16 novembre 2019.

SCOTT James, 2019, *Homo Domesticus. Une histoire profonde des premiers États*, Paris, La Découverte, 302 p.

TRAÏNI Christophe, 2012, « Entre dégoût et indignation morale. Sociogenèse d'une pratique militante », *Revue française de science politique*, vol. 62, p. 559-581.

STASSART Pierre M. *et al.*, 2012, « L'agroécologie : trajectoire et potentiel pour une transition vers des systèmes alimentaires durables », in Denise Van Dam, Michel Streith, Jean Nizet *et al.*, *Agroécologie. Entre pratiques et sciences sociales*, Éducagri éditions, « Références », 314 p.

STASSART Pierre M., JAMAR Daniel, 2008, « Steak up to horns! The conventionalization of organic stock farming: knowledge lock-in in the agrifood chain », *GeoJournal*, vol. 73, n° 1, p. 31-44.

STOCK Paul V., FORNEY Jérémy, 2014, « Farmer autonomy and the farming self », *Journal of Rural Studies*, n° 36, p. 160-171.

TAFERE Ingrid, 2019, « L'autogouvernement. Un enjeu démocratique majeur », *Sens public*. https://doi.org/10.7202/1067428ar

THOU Mylène, VINCENT Pascale, 2018, *Comprendre, repérer et accompagner l'innovation sociale et territoriale*, Éditions Chronique sociale.

VIALLES Noëlle, 1987, *Le sang et la chair. Les abattoirs des pays de l'Adour*, Édition Maison des Sciences de l'Homme.

ZASK Joëlle, 2016, *La démocratie aux champs*, Paris, La Découverte, 256 p.

ZASK Joëlle, 2019, « Retour sur la notion perdue d'autogouvernement », *Sens public*. https://doi.org/10.7202/1067470ar

UN CONFLIT DE TERRITOIRE À PROPOS DU BIEN-ÊTRE ANIMAL
LE CAS DE L'INTRODUCTION DE LA VIDÉOSURVEILLANCE DANS LES ABATTOIRS BELGES

A territory conflict about animal welfare: the case of the introduction of surveillance cameras in Belgian slaughterhouses

Anne-Laure MATHY
Metices, Université Libre de Bruxelles
annmathy@ulb.ac.be

Résumé : En 2017, l'association Animal Rights diffuse une vidéo montrant de la maltraitance animale dans un abattoir belge. Ces images contrastent avec les résultats des contrôles officiels de routine effectués par les vétérinaires présents lors de l'abattage. Conjointement, la Fédération de la viande rouge de Belgique et la Région wallonne décident d'imposer l'installation de caméras de surveillance dans les abattoirs respectivement membres de la fédération ou situés en Wallonie. Cet article s'attache à démontrer que l'installation de ces caméras est un exemple de conséquence d'un conflit de territoire, le bien-être animal devenant un objet que plusieurs acteurs cherchent à s'approprier. Nous en évaluerons les impacts, mais aussi les limites sur l'organisation du contrôle qui s'en trouve bouleversée.

Mot-clés : abattoir, contrôle, bien-être animal, surveillance, organisations, régulation, normes

Abstract : *In 2017, the organization Animal Rights broadcast a video showing animal mistreating in a Belgian slaughterhouse. The contrast between the official daily controls performed by the veterinarians is relevant. The red meat Belgian federation (FEBEV) and the Walloon Region, jointly decided to install surveillance cameras in slaughterhouses respectively members of the federation or located in Wallonia. This article demonstrates that this installation illustrates how animal welfare is a conflict territory, appropriated by many stakeholders. Moreover, it evaluates the impact and limits of a such decision on the control organisation which is therefore turned upside down.*

Keywords : *slaughterhouse, control, animal welfare, surveillance, organizations, regulation, rule*

INTRODUCTION

Le bien-être animal est à l'agenda politique en Belgique depuis peu. En 2014, elle se dote de deux ministres du bien-être animal en Wallonie et en Flandre et d'un secrétaire d'État pour la région bruxelloise. En 2018,

DierAnimal, un parti animaliste[1], envoie sa première élue au parlement bruxellois. Plus récemment encore, la Wallonie approuve une toute nouvelle législation, le Code Wallon du Bien-Être Animal, après plus d'un an de consultation citoyenne sur ce sujet.

Sur le plan scientifique, des travaux récents s'intéressent au bien-être animal. Le champ inter-disciplinaire des *études animales* se développe, offrant désormais à l'animal, une place substantielle, bien que relative (Shapiro et DeMello, 2002). Dans ce vaste chantier, dont les bâtisseurs peinent à définir des contours, on trouve notamment des travaux portant sur l'animalisme et les mouvements collectifs s'attachant à défendre et étendre les droits des animaux ou la protection animale (Celka, 2012 ; Baldin, 2014 ; Carrié, 2015 ; Véron, 2016 ; Brucker, 2019 ; Ingram, 2019).

Plus spécifiquement, les animaux de rente, destinés à la consommation au sens large, ne font encore l'objet que d'une attention limitée (Rémy, 2009), et particulièrement à l'abattoir, notamment parce que les acteurs de terrain ont, jusqu'à récemment, considéré leur bien-être comme un non-sujet (Muller, 2008 ; Jourdan et Hochereau, 2019).

L'étude du travail en abattoir fait pour sa part, l'objet d'une longue tradition en sciences sociales et ce dernier continue d'intéresser les chercheurs (MacNair, 2001 ; Muller, 2008 ; Dillard, 2008 ; Bonnaud et Coppalle, 2008 ; Rémy, 2009 ; Célérier, 2011 ; Stull et Broadway, 2012 ; Pachirat, 2014 ; McCabe et Hamilton, 2015 ; Baran, Rogelberg et Clausen, 2016 ; Gautier, 2017). Toutefois, peu intègrent l'animal et son bien-être à leur champ d'investigation, malgré la reconnaissance de ce dernier comme un objet de travail spécifique (Vialles, 1987).

Dans un chapitre de son livre, Pachirat aborde le bien-être animal comme un obstacle majeur à la productivité de l'abattoir américain dans lequel il réalise son observation participante sous couverture d'un contrat de travail. Il dresse une ébauche des tensions générées par le bien-être animal entre les différents acteurs présents sur le terrain : la direction, le service qualité, les ouvriers et les vétérinaires de l'inspection fédérale (Pachirat, 2014). Jourdan et Hochereau s'intéressent à la mise en œuvre du règlement européen de 2009 concernant le bien-être animal dans les abattoirs français, en fonction de leur taille et leur structure, mettant en évidence que ceux de grande taille seraient plus à même de réaliser les changements dans leur infrastructure en faveur du bien-être (Jourdan et Hochereau, 2019). Ceci renforcerait alors la

---

[1] *« Le phénomène animaliste se concrétise selon deux manifestations majeures, à savoir la pensée antispéciste (et lutte pour l'égalité animale) et le véganisme en tant que « nouveau » mode de vie [...] »* (Celka, 2012, p. 8)

disparition des petites structures, fait déjà évoqué il y a quelques décennies (Vialles, 1987).

Si les deux études mentionnées précédemment ont pour objet principal le bien-être animal à l'abattoir dans ses aspects réglementaires, elles n'avaient pas pour objectif de rendre compte de l'influence que peut exercer l'action collective d'associations de protection animale ou de défense des droits des animaux sur ce dernier. Quelques travaux évoqués précédemment relatent l'historique de la prise en compte du bien-être des animaux de rente à l'abattoir. Baldin démontre que les vétérinaires sont les premiers à s'organiser collectivement au début du XXe siècle en France pour mettre fin à l'assommage à la masse, et plaident pour l'usage de la technologie anglaise, le pistolet à tige perforante, qui est aujourd'hui la norme pour l'étourdissement des bovins et équidés (Baldin, 2014). Brucker pour sa part montre qu'en Allemagne à la même période, l'association activiste *Deutscher Vegetarier Bund* publie régulièrement des récits relatifs au transport et à l'abattage d'animaux, ayant pour objectif de promouvoir une alimentation végétale (Brucker, 2019).

L'investigation de l'impact des mouvements collectifs actuels sur les normes de bien-être animal nous semble lacunaire. Cet article s'attachera à montrer que l'action collective en Belgique contribue, encore aujourd'hui, à l'évolution des normes de bien-être animal, et plus spécifiquement à l'organisation du contrôle de celles-ci.

Nous émettons l'hypothèse que la décision conjointe du secteur de la viande et du ministre wallon du bien-être animal d'installer la vidéo-surveillance dans les abattoirs belges est la conséquence de l'action du mouvement Animal Rights, qui diffuse largement des images clandestines d'abattoirs. Nous montrerons également que la grande distribution est, elle aussi, plus attentive au bien-être animal, avec pour principal moteur, l'opinion des consommateurs. De plus, nous montrerons que l'introduction de caméras de surveillance a le potentiel d'augmenter les marges de manœuvre des vétérinaires au sein des abattoirs dans lesquels le bien-être animal est source de tension entre eux et la direction ou le service qualité. Enfin, nous évoquerons les limites de la vidéosurveillance, en analysant le discours de ses détracteurs, que l'on trouve parfois parmi ceux qui la trouvent pourtant utile.

Malgré le fait que « la définition du bien-être animal [soit] tout sauf consensuelle » (Grimonprez, 2019), nous l'utiliserons dans sa forme réglementaire et administrative, appliquée aux animaux de rente, à l'abattoir. Lorsque d'autres définitions du bien-être animal entrent en jeu, notamment, celle défendue par l'acteur associatif dont il sera question, nous préférerons l'usage de la terminologie *défense des droits des animaux,* employée par l'association elle-même pour définir sa mission. Par ailleurs, cette terminologie est consistante avec ce que la littérature exprime au sujet du mouvement animaliste (Celka, 2012).

Enfin, la question de la visibilité de la mise à mort, largement étudiée par nos prédécesseurs, ne sera pas abordée, malgré son lien avec la vidéosurveillance (Agulhon, 1981 ; Vialles, 1987 ; Muller, 2008 ; Pachirat, 2014). L'enjeu de cet article n'est pas de questionner l'éventuelle re-visibilisation de la mise à mort, mais bien de comprendre comment l'introduction d'un tel outil bouleverse les relations de travail.

MÉTHODOLOGIE

L'analyse s'appuie sur du matériel empirique issu d'une enquête de terrain menée de septembre 2017 à janvier 2021 et de l'examen de données du contrôle du bien-être animal en abattoir relatives à l'année 2017.

Le contrôle du bien-être animal en abattoir est effectué en routine par des vétérinaires indépendants, dits chargés de mission (CDM) pour l'Agence Fédérale de la Sécurité de la Chaîne Alimentaire (AFSCA). Ils signent une convention pour une année. Celle-ci prévoit un certain nombre d'heures de prestation pour l'administration. La plupart ont une pratique indépendante (petits et/ou grands animaux) en dehors de leurs missions pour l'AFSCA. L'abattage ne peut avoir lieu qu'en leur présence pour des raisons sanitaires. Les critères d'évaluation du bien-être animal sont repris sous forme d'items dans une *check-list* et pour lesquels le vétérinaire responsable administratif[2] de l'abattoir peut déclarer une non-conformité. Il doit compléter cette liste tous les 15 jours pour l'abattoir. Il dispose aussi d'une *check-list* de contrôle pour les transporteurs, qu'il doit compléter à chaque nouvelle arrivée. En plus de ces listes, il peut remplir un formulaire d'information, sur base duquel, un vétérinaire fonctionnaire de l'unité de bien-être animal décidera ou non de sanctionner l'abattoir et/ou le transporteur. Ces fonctionnaires peuvent aussi effectuer des contrôles ponctuels, aléatoires et non annoncés dans les abattoirs et pour les transporteurs. Toutes les *check-lists* de contrôle des abattoirs (pas des transporteurs) complétées en 2017 ont fait l'objet d'un encodage dans un format analysable quantitativement au moyen du logiciel R. S'agissant de données qualitatives, nous nous sommes contentés pour cet article d'obtenir la fréquence des non-conformités de chaque item, et ce par abattoir.

---

[2] Le responsable administratif est au même titre que les autres vétérinaires, un indépendant, chargé de mission par l'AFSCA. Ses missions varient d'un abattoir à l'autre. Dans certains cas, il prend en charge la coordination du planning des indépendants, le dispatching entre l'ante mortem et le post mortem. Dans d'autres cas, sa mission se limite à assumer la responsabilité des décisions administratives prises par les vétérinaires sur la chaîne et à l'étable (saisies, PV, formulaires d'information pour bien-être animal, etc.).

Une vidéo publiée par l'association Animal Rights a été utilisée pour contraster les résultats issus des check-lists. Cette vidéo, d'une durée de cinq minutes est une compilation d'images enregistrées par un bénévole de l'association, sous couverture d'un contrat de travail. Ce dernier était équipé d'une caméra pendant ses 24 jours de travail, environ 8 heures par jour.

L'enquête de terrain s'est quant à elle déroulée dans le cadre d'un partenariat informel avec la Fédération Belge de la Viande Rouge (FEBEV) dans le but d'établir un climat de confiance, au regard de la controverse qu'implique un tel sujet.

Une série de 20 entretiens exploratoires semi-directifs ont été réalisés avec des acteurs rattachés au secteur de la viande en Belgique : des responsables d'abattoirs, un ouvrier, des permanents et délégués syndicaux, des fonctionnaires en charge du contrôle sanitaire, des employés d'associations de défense des droits des animaux, etc.

En 2017, la Belgique comptait 59 abattoirs consacrés aux grands animaux (porcs, bovins, ovins, caprins et équidés) et 36 abattoirs dédiés aux volailles, lapins, et autres animaux dont le transport s'effectue en cages.

Trois visites exploratoires ont été effectuées dans des abattoirs de bovins et ovins/caprins. Le premier abattoir visité est public (débit moyen de 500 bovins tués par semaine ; 27 équivalents temps plein en 2017). Les abattoirs publics ne sont plus qu'au nombre de quatre en Belgique, gérés par les communes. Le personnel administratif et technique (mécaniciens) est rémunéré par la commune et les ouvriers sur la chaîne sont indépendants. Le second est privé (débit moyen de 1 500 bovins tués par semaine ; 48 équivalents temps plein en 2017). Le troisième est également privé (débit moyen de 450 ovins et caprins confondus et 400 bovins tués par semaine ; 39 équivalents temps plein en 2017).

Chaque visite a été précédée d'entretiens avec le gérant de l'abattoir, sauf dans le troisième et avec les vétérinaires chargés de mission. Il nous a été permis de nous adresser aux ouvriers également, sauf dans le troisième abattoir, où nous prévoyons une observation ultérieure, plus propice au dialogue avec les ouvriers qu'une visite officielle.

Une observation d'une demi-journée suivie d'une observation semi-participante d'une semaine ont été effectuées dans l'abattoir public mentionné ci-dessus. Lors de cette semaine, nous avons participé au travail à la bouverie et au bureau, tout en prenant des notes d'observation. L'abattage a lieu cinq jours par semaine du lundi au samedi sauf le mercredi. Les horaires étant variables, nous étions informés de ceux-ci la veille.

Neuf entretiens semi-directifs réalisés avec des vétérinaires chargés de mission dans d'autres abattoirs et trois entretiens avec des inspecteurs de l'AFSCA complètent le matériel empirique de cette étude.

Le cadre analytique de cette recherche s'appuie sur la théorie de l'action collective et de la régulation sociale (Reynaud, 1993) et de l'autorité (Dixon, 2003). D'une part, la notion de territoire, comme objet d'étude, sera appliquée au bien-être animal à l'abattoir. Les conflits afférents à celui-ci suite à la diffusion des images de maltraitance animale par Animal Rights feront l'objet de la discussion. D'autre part, la vidéosurveillance sera abordée comme une potentielle source de résolution de conflit. Enfin, l'autorité exercée par les consommateurs dans l'imposition de normes de bien-être animal par la grande distribution est une illustration la quatrième forme de légitimité (*market-based*) décrite par Dixon.

L'ABATTOIR : TERRITOIRE DE CONFLIT ET CONFLIT DE TERRITOIRE ?

Lorsqu'une vidéo sème le trouble

Les abattoirs belges sont soumis, comme ceux des autres pays européens, au règlement de protection animale 1099/2009. Le squelette de ce règlement est issu d'une directive datant de 1979, dont les articles font référence à des situations très précises, qui constituent encore aujourd'hui, les critères d'évaluation du bien-être animal en abattoir. En effet, les critères de la check-list de contrôle « *abattage et habillage d'animaux et de ratites dans l'abattoir – bien-être animal* » sur laquelle se base l'AFSCA pour effectuer sa mission font référence à ces situations.

Par exemple, « *Les animaux doivent être déplacés en utilisant leur nature grégaire. Les instruments destinés à diriger les animaux ne doivent être utilisés qu'à cette fin et seulement pendant de courts moments. Il est notamment interdit de frapper les animaux sur des parties du corps particulièrement sensibles ou de les pousser en touchant de telles parties. Les appareils à décharge électrique ne peuvent être utilisés que pour les bovins, et les porcins, à condition que les décharges ne durent pas plus de deux secondes, qu'elles soient suffisamment espacées et que les animaux disposent de l'espace nécessaire pour se déplacer ; les décharges ne doivent être appliquées que sur la musculature appropriée* » (*Convention européenne sur la protection des animaux d'abattage*, 1979).

Par rapport à la directive de 1979, le règlement de 2009, évolue peu quant aux situations, mais il devient plus contraignant du point de vue du contrôle desdites situations. Il prévoit notamment la présence d'un responsable du bien-être animal, au sein du personnel administratif ou de la chaîne de chaque abattoir. Chaque abattoir dispose donc d'une forme de système d'auto-contrôle du bien-être animal. Pour devenir responsable du bien-être animal, il est nécessaire de suivre une formation de deux jours, dispensée par des organismes certifiés, suivie d'un examen sommaire, selon les dires du responsable qualité de l'abattoir dans lequel nous avons réalisé notre observation. Le responsable au sein de l'abattoir est chargé de vérifier la bonne application de la réglementation au sein de son entreprise, de la mise en place de nouvelles procédures visant au respect de cette réglementation, de notifier les infractions des transporteurs dans le système informatique de gestion des lots d'abattage, et de conseiller les ouvriers dont le poste est concerné par le bien-être animal. Cela comprend notamment la vérification ponctuelle de l'étourdissement (concentration de gaz, ampérage, fixation correcte des animaux dans le box d'étourdissement, usage adéquat du matador, vérification des signes de conscience avant le treuillage de l'animal, etc.), de l'état de l'infrastructure (pentes glissantes, accès à l'eau et à la nourriture si l'abattage n'a pas lieu immédiatement après l'arrivée…) et de l'attitude des ouvriers (abattage dans le camion ou à la sortie de celui-ci d'un animal qui ne peut se déplacer, usage modéré de l'aiguillon électrique destiné à faire avancer les animaux vers le box d'étourdissement, …). En revanche, le responsable du bien-être animal n'est pas compétent pour sanctionner un transporteur qui ne respecte pas les normes.

Les analyses des *check-lists* de l'AFSCA pour l'année 2017 montrent que le critère le plus fréquemment non-conforme est d'ordre administratif : « *l'affichage sur l'étable de la date et l'heure de déchargement des animaux ainsi que le nombre maximal d'animaux qu'elle peut contenir* » ainsi que l'absence de « *désignation d'un responsable du bien-être animal* ». Les autres non-conformités les plus fréquentes relèvent plutôt de la négligence ou un manque d'investissements dans les infrastructures que de violence directe envers les animaux (système de ventilation, infrastructure conçue pour éviter les blessures, couloirs aménagés de manière à profiter de l'instinct grégaire des animaux …). En effet, nous avons pu constater lors de notre observation qu'il peut s'agir tantôt d'un manque d'investissement, tantôt de réelle négligence. Par exemple, un vétérinaire attire notre attention sur le fait que les animaux dans le box d'étourdissement ont deux pattes sur une marche. Un plan incliné faciliterait la manipulation de ceux-ci qui seraient moins réticents à entrer dans le box. Mais parfois, il peut s'agir d'une barrière mal ouverte par le bouvier, ce qui cause de la confusion chez l'animal qui ne sait vers où se diriger.

Le tableau dépeint par ces analyses contraste fortement avec les images diffusées en 2017 par l'association Animal Rights dans un abattoir de porcs en Flandre. En effet, la vidéo rapporte des faits de violence commis par des ouvriers envers les animaux. Des porcs incapables de se mouvoir sans douleur après le déchargement sont forcés à se déplacer plutôt que d'être étourdis immédiatement dans le moyen de transport, comme le prévoit la réglementation. Les images relatent également de la négligence entre l'étourdissement et l'habillage : des animaux ne sont pas étourdis correctement alors qu'ils sont suspendus, certains arrivent conscients dans le bain d'échaudage, ce qui devrait être impossible si les critères d'inconscience étaient scrupuleusement respectés comme l'indique la *check-list bien-être animal* (*Animal Rights,* 2017).

La mobilisation de la presse et des réseaux sociaux a eu un effet concret sur le contrôle du bien-être animal en abattoir : la Wallonie impose l'installation de caméras de surveillance à tous les endroits où les animaux vivants (quelle que soit l'espèce) sont manipulés : le déchargement, la bouverie, le couloir de menée, l'étourdissement et la saignée. Par ailleurs, la FEBEV étend cette mesure à tous les abattoirs membres de la fédération, ce qui représente pratiquement la totalité des abattoirs bovins, ovins, caprins et porcins (FEBEV, 2020).

Ce que révèle le conflit de territoire

Lorsqu'une association s'invite clandestinement dans un abattoir pour y révéler ce qui s'y passe, on peut considérer qu'il s'agit d'un conflit de territoire au sens où Reynaud l'entend : « *Une action collective se rapporte à un projet et donc limite sa régulation à un domaine déterminé. [...] si les actions collectives sont des projets, il est normal que ces projets se heurtent* » (Reynaud, 1993, p. 99-100).

Reynaud définit le conflit de territoire au moyen d'exemples variés qui nous permettent d'appliquer sa notion à l'objet qui nous occupe : le respect des normes de bien-être animal à l'abattoir. Un conflit de territoire peut se jouer, intuitivement, sur une zone géographique déterminée, mais il étend la notion de territoire à d'autres cas. Il évoque notamment le cas des chantiers navals anglais qui sont à l'arrêt parce que certaines tâches sont au confluent de deux corps de métiers, qui pourtant se définissent comme bien distincts (Reynaud, 1993). Le chantier naval, ou dans notre cas, l'abattoir sont alors des territoires[3] que se disputent plusieurs acteurs.

La suite de l'article s'attache à démontrer que le respect des normes de bien-être animal est l'objet d'un conflit de territoire où se heurtent deux projets distincts : celui de l'État et celui d'Animal Rights.

---

[3] La notion de territoire n'est pas à comprendre dans sa dimension spatiale, bien qu'il soit intéressant de l'aborder, notamment en lien avec la question de la visibilité. L'idée est d'envisager l'abattoir en tant que lieu, comme un territoire, où les rôles sont déterminés, mais se chevauchent, d'où l'apparition de conflits.

On peut dès lors entrevoir le contrôle du bien-être animal comme un projet, produit d'une action collective officielle, celle de l'État[4], limité à l'abattoir, ce dernier étant, pour rappel, un territoire. Ce projet se réalise au moyen des *check-lists*, évoquées plus haut, qui constituent un outil de régulation.

Lorsque l'association Animal Rights diffuse sa vidéo, elle use d'un autre outil afin de mener à bien son projet distinct de celui de l'État, mais sur un territoire commun. Son projet est très clairement déterminé : « *Toute forme d'abattage est une souffrance. Je ne sais pas si vous avez déjà vu les animaux dans le processus d'abattage, mais ils résistent, ils sont terrifiés, ils crient [...]. Ces animaux savent ce qu'il se passe. Il n'y a aucun moyen de tuer quelqu'un qui ne veut pas mourir. C'est notre message, et c'est notre façon de le faire passer.* ». Il est clair selon cette association que diffuser des images fortes est un outil nécessaire à la réalisation de leur projet qui consiste à inciter l'opinion publique à modifier ses choix de consommation et, par conséquent, faire cesser l'abattage.

Il semblerait donc qu'un conflit entre deux projets, l'un étant le contrôle du bien-être animal et l'autre étant la fin de l'abattage, s'opère, sur un même territoire. L'abattoir serait donc plutôt un territoire de conflits jusqu'à présent.

Les deux projets distincts, se heurtant sur un même territoire, se réfèrent à des conceptions différentes de ce qu'est ou devrait être la définition du bien-être animal, l'une étant essentiellement administrative et réglementaire, l'autre étant basée sur des considérations strictement éthiques. Néanmoins, si l'on se réfère au contraste entre les résultats obtenus selon le moyen de contrôle (officiel au moyen des *check-lists* ou officieux au moyen de la vidéo clandestine) et qu'on les confronte à la définition administrative du bien-être animal, on peut admettre que la diffusion des images par Animal Rights révèle le dysfonctionnement du contrôle du bien-être animal tel qu'il est défini dans la norme réglementaire.

L'association, lorsqu'elle diffuse ce genre d'images, empiète sur le territoire de l'État puisqu'elle contrôle le respect des normes de bien-être animal à l'abattoir. Ce n'est pas son projet initial, comme nous l'avons indiqué : l'objectif d'Animal Rights n'est pas de contrôler le bien-être animal à l'abattoir, mais d'utiliser des images montrant que celui-ci ne fonctionne pas pour convaincre les consommateurs de revoir leurs choix alimentaires. Cette affirmation est conforme à ce que des chercheuses ont mis en évidence dans

[4] Toujours dans l'idée d'éviter au lecteur d'appréhender la complexité de la gestion administrative du bien-être animal en Belgique, nous employons le terme généralisé d'État, mais il est nécessaire de considérer que celui-ci regroupe lui-même toute une série d'acteurs (l'AFSCA, les UBEA, les CDM, etc.), lesquels ne sont pas forcément alignés sur le projet du contrôle du bien-être animal.

un article concernant la visibilisation de la mort animale par les associations militantes (Delavigne, Martin et Maury 2000). Néanmoins, le contraste mis en évidence par la diffusion de ces images, au-delà du simple effet indésirable pour l'État, rebat les cartes : le contrôle du bien-être animal devient un projet commun, même s'il s'inscrit dans une perspective plus large pour l'association de défense des droits des animaux. Le contrôle du bien-être animal devient un véritable enjeu du conflit qui oppose l'association à l'État dans l'abattoir, ce qui permet de dépasser le fait de considérer l'abattoir comme territoire de conflits où des projets distincts se heurtent et d'envisager le contrôle du bien-être animal comme un conflit de territoire, où un projet commun, le bien-être animal, se voit approprié par différents acteurs.

Le conflit de territoire ainsi révélé permet d'envisager l'assertion ambitieuse que le respect du bien-être des animaux, quels que soient les enjeux liés à sa définition, est un projet commun, qui anime aujourd'hui l'opinion publique, le secteur agro-alimentaire, les milieux associatifs et le monde politique.

En effet, l'État ne conteste ni la véracité des images ni leur caractère absolument inadmissible. Tous les vétérinaires interrogés dans le cadre de notre enquête ont spontanément évoqué les images diffusées par Animal Rights et ont reconnu que le traitement des animaux est non-conforme par rapport aux *check-lists* qu'eux-mêmes emploient pour contrôler.

Afin de confirmer qu'il s'agit bien d'un conflit de territoire, nous devons montrer que l'État se repositionne sur son territoire, sur lequel l'association a manifestement gagné du terrain. Au-delà du bien-être animal en soi, que l'on peut assimiler à un problème au sens où Reynaud l'entend ci-dessous, sa mission de le contrôler doit nécessairement évoluer lorsque sont diffusées de telles images puisqu'« *aucune main invisible n'a désigné une fois pour toutes ce qui appartient [aux actions collectives]. Et même quand une main très visible, celle de l'État, essaie de le faire [...] il apparaît clairement [...] que les missions qu'il donne à l'administration peuvent non seulement s'entrecroiser, mais évoluer avec les problèmes qu'elles traitent* » (Reynaud, 1993, p. 100).

Dès lors, on peut interpréter la conséquente décision conjointe de la Région wallonne et de la FEBEV d'imposer l'installation de caméras de surveillance dans les abattoirs comme étant une conséquence de l'action de l'association, celle-ci induisant une évolution de la mission de l'État et par extension, du secteur de la transformation de la viande lui-même. En gagnant du terrain, l'association a alors forcé les autres acteurs à se repositionner.

La mobilisation de l'opinion publique est un outil redoutable, parce que le bien-être animal devient alors l'affaire de tous. La prise en compte de l'opinion publique comme une forme légitime d'autorité dans l'industrie agro-alimentaire s'illustre très bien par le cas présent (Dixon, 2003).

La grande distribution, souhaitant être à la hauteur de la confiance que lui attribue le consommateur, choqué par la diffusion de telles images, n'hésite pas une seconde à s'imposer, elle aussi, sur le territoire qui nous occupe. Les clients des ateliers de découpe ou ces derniers, eux-mêmes, renforcent leurs cahiers de charges en matière de bien-être animal et multiplient les audits en abattoir pour vérifier leur bonne exécution. Certains distributeurs exigent également, à l'instar de l'État et de la FEBEV, que les abattoirs avec lesquels ils travaillent installent la vidéosurveillance.

QUAND UN CONFLIT EN CACHE D'AUTRES

Dans un premier temps, nous avons considéré le contrôle exercé par l'État et l'auto-contrôle exercé par les opérateurs comme un projet commun, s'exerçant par définition, sur un territoire commun : le respect du bien-être animal en abattoir.

Or, il est clair que le projet de l'État s'inscrit autour de celui des opérateurs qui produisent la viande. En effet, ces derniers sont responsables du bien-être animal et de son auto-contrôle que l'État contrôle. Après un tel scandale, survient rapidement la question de la responsabilité, et c'est d'autant plus vrai lorsqu'il y'a un projet et un territoire communs. Qui n'a pas respecté sa part de contrat : l'abattoir ou l'État ? Ce questionnement est-il susceptible d'entraîner une redéfinition du projet de chacun ?

Il apparaît alors qu'un autre conflit existe sur ce territoire partagé, mais qui est jusque-là, non révélé. Cet autre conflit surgit entre les vétérinaires et les opérateurs et est complémentaire à celui décrit en amont, entre les acteurs en charge du contrôle officiel et l'association de défense des droits des animaux.

Il a été démontré dans la littérature que les abattoirs ne sont pas tous égaux face à la mise en œuvre des normes officielles de bien-être animal, mais sans pour autant que soit mis en lumière l'impact que ces distinctions ont sur les relations entre les acteurs présents sur le territoire (Jourdan et Hochereau, 2019). Nous allons voir, dans la suite de cette discussion, que d'un opérateur à l'autre, les relations de travail avec leurs vétérinaires respectifs varient fortement autour de faits a priori similaires concernant le bien-être animal.

Les faits relatifs au bien-être animal que les vétérinaires soulèvent en entretien concernent davantage le client de l'abattoir, l'éleveur ou le transporteur que l'opérateur lui-même, vis-à-vis desquels le chargé de mission a peu de marges de manœuvre. La question de l'autonomie du vétérinaire pour effectuer le contrôle se pose immédiatement. Reynaud nous dit que *« la nature d'une règle dépend des moyens qu'on a de la faire respecter »* (Reynaud, 1993, p. 114). Or, le vétérinaire ne peut que rédiger un formulaire d'information à son unité de bien-être animal, il n'est pas en mesure de sanctionner.

Parfois, l'état de l'animal lui permet de saisir la carcasse pour des raisons sanitaires, ce qui augmente un peu sa marge de manœuvre, mais il se confronte alors au client de l'abattoir et parfois à l'opérateur lui-même qui ne souhaite pas perdre son client. On peut donc faire l'hypothèse que le vétérinaire n'hésitera pas à repenser la nature de la règle elle-même, si la contrainte à la faire respecter est trop forte. Au mieux, il laissera à ses collègues placés sur la chaîne, à l'expertise post-mortem, la responsabilité de saisir la carcasse pour raisons sanitaires comme nous avons pu le constater lors de notre observation. Au pire, il ne fera rien pour ne pas se confronter au transporteur ou au client. En effet, pour appuyer cette hypothèse, de nombreux vétérinaires évoquent des scènes d'intimidation, de la part du client, du transporteur, ou même de l'opérateur, qui soutient son client.

Lors de notre visite dans un abattoir, un client, privilégié en tant qu'exploitant de l'atelier de découpe attenant à l'abattoir, se permet d'interrompre notre entretien avec le vétérinaire chargé de mission pour demander pourquoi une carcasse a été saisie. Le vétérinaire justifie qu'il n'y a aucun doute étant donné la couleur[5] de cette dernière. Le client ne conteste pas, et sort. Le vétérinaire nous dit : « *Vous voyez, quand je vous parlais de pression. Ici c'est gentil, mais ils demandent quand même quoi. Et il y'a 10 ans, j'aurais eu un pneu crevé sur le parking* ». Malgré cet exemple, le chargé de mission nous indique que l'entente avec le service qualité de l'abattoir est excellente. Lorsqu'il constate un fait relatif au bien-être animal, il rédige un rapport d'information à l'adresse de son unité de bien-être animal et en informe également le service qualité, qui le soutient dans sa démarche vis-à-vis du client si celui-ci en vient à contester le rapport. Le chargé de mission se sentant soutenu par l'opérateur a donc l'autonomie suffisante pour faire respecter la règle, sans en altérer la nature.

La position très ferme du service qualité dans cet abattoir s'explique par l'investissement très important réalisé par l'opérateur dans son infrastructure afin de respecter le bien-être animal. L'État et l'opérateur travaillent alors de concert pour le bien-être animal. Le territoire de chacun, même s'il n'est pas tout à fait bien déterminé affecte peu l'accomplissement du projet, ce dernier étant visiblement facilité par une vision commune de ce que doit être le bien-être animal.

Dans d'autres abattoirs néanmoins, la situation n'est pas aussi claire. Un vétérinaire se confie : il est sensible au bien-être animal, il est né avec l'envie de devenir vétérinaire, et a développé une pratique professionnelle pour petits animaux. On peut relever dans ses propos, un certain fatalisme qu'on peut rattacher à un manque d'autonomie dans l'exercice de son travail.

[5] Cet exemple concerne un aspect sanitaire et non de bien-être animal, mais il illustre bien le rôle tenu par les relations avec la clientèle de l'abattoir sur l'exercice du contrôle.

Il nous explique : « *Nous on abat quasi 100 % rituel*[6] *hein. Et notre abatteur, il a tendance à vouloir égorger un peu plus vite que la balle. Je ne suis pas quelqu'un qui punit tout de suite donc j'ai fait deux trois fois la remarque d'abord. Puis j'ai fait un rapport officiel. [...] On a eu des vraies prises de tête. La première fois, j'ai pris l'imam à part, et je lui ai dit que ça restait entre nous deux cette fois-ci, mais je l'ai prévenu que la prochaine fois, je préviendrais ses responsables. Puis la deuxième fois, j'ai prévenu le service qualité. La troisième fois, je suis allé chez la patronne et la quatrième fois, j'ai fait un rapport* ».

Il nous confie que les relations avec le service qualité sont bonnes, mais pas avec la direction de l'abattoir. Il cherche alors du soutien auprès de l'unité de bien-être animal et de l'AFSCA : « *J'ai fait plusieurs informations, j'ai jamais eu de retour. C'est totalement inadmissible comme situation. J'ai l'impression de prêcher dans le désert. Parce qu'il n'y a rien qui change. Parfois je ne sais même pas contrôler. L'infrastructure est pas adaptée. L'étable est trop petite, les animaux sont trop à l'étroit. Si ça se trouve, j'ai deux morts au fond que je ne le sais même pas. On [l'AFSCA] me dit qu'on [l'opérateur] doit me donner les moyens. Mais on nous donne pas les moyens. Et puis alors je viens plus tôt pour pouvoir être sûr de ce que je fais, mais alors je me fais engueuler par l'AFSCA parce que je travaille gratuitement* ».

Un autre chargé de mission, ayant un cabinet pour petits animaux également, qui a exercé dans cet abattoir, et aujourd'hui a été muté ne cache pas son soulagement : « *Je suis passé de l'enfer au paradis. Et la seule différence, c'est le service qualité. À X, je suis vraiment comme un coq en pâte avec ce service qualité* ».

Le contraste entre ces deux abattoirs montre bien la différence importante de la position de l'opérateur, que ce soit le service qualité, ou la direction. Dans le premier cas, l'opérateur n'hésite pas à soutenir le vétérinaire dans sa décision, quitte à refuser lui-même qu'un client revienne faire abattre ses bêtes s'il ne respecte pas les normes de bien-être animal. Dans le second cas, même sans l'intervention du client dans la situation évoquée, le vétérinaire ne se sent pas soutenu par l'opérateur.

Dans un tel contexte, la question est de savoir dans quelle mesure, l'introduction de la vidéosurveillance pourra être utile au chargé de mission, comme nouveau « *moyen de faire respecter la règle* » (Reynaud, 1993, p. 114) .

---

[6] L'abattage rituel sans étourdissement préalable à la saignée n'est plus autorisé qu'à Bruxelles, à l'abattoir d'Anderlecht.

Il se trouve que le vétérinaire interrogé dans l'abattoir où la situation est plus tendue évoque spontanément les caméras : « *J'ai demandé une protection pour que les bovins ne voient pas les autres se faire égorger. Ça, je l'ai eue. Mais ça a pour effet que je ne vois plus le geste, je ne vois que le jet de sang. Donc je me fie au timing du bruit et du jet de sang pour savoir si il a bien égorgé après l'étourdissement. Eh bien j'ai demandé à ce qu'on déplace la caméra. On me l'a promis, mais c'est pas encore fait.* »

Un autre exemple, plus explicite nous permet de comprendre l'impact de la vidéosurveillance sur les relations entre opérateurs et vétérinaires. Lors de notre semaine d'observation dans l'abattoir public, nous avons pu assister à plusieurs faits de bien-être animal. L'un d'entre eux met en évidence le changement de position de l'abattoir, en faveur du bien-être animal, grâce au dispositif de vidéosurveillance. Un transporteur gare son camion au quai de déchargement, visible sur les caméras. Une vache est couchée dans le camion, elle ne peut se déplacer seule. Une discussion s'engage alors entre le vétérinaire, ayant une pratique petits animaux et décrit comme intransigeant par le personnel de l'abattoir, et le transporteur, quant au confort de la bête. Le vétérinaire souhaiterait informer l'unité de bien-être animal parce que la vache est à même le sol, sans paille, ce qui lui a causé des blessures aux deux antérieurs. Le transporteur risque 750 € d'amende si l'unité de bien-être animal prend le rapport d'information au sérieux. La discussion devient rapidement plus vive entre les deux protagonistes, le transporteur déclarant qu'il n'est pas responsable de l'état de la bête qu'il charge, et le vétérinaire indiquant qu'il pouvait deviner, vu son état, que l'animal allait se coucher dans le camion. En effet, l'expertise de la carcasse montrera que la bête était écartelée[7] depuis un certain temps, ce qui ne laisse pas de doute quant au fait qu'elle ait été chargée sans pouvoir marcher, ce qui est interdit. Cependant le vétérinaire n'en ayant pas la certitude au moment de l'expertise ante mortem, se focalisera sur le confort de l'animal dans le camion. Il appelle alors le responsable qualité de l'abattoir, qui est aussi le responsable bien-être animal, afin d'obtenir du soutien. Ce dernier, d'ordinaire très bavard, se montre silencieux. Finalement, un compromis est trouvé : le transporteur mettra de la paille dans son camion la prochaine fois, le vétérinaire ne fera pas de formulaire d'information, et le responsable qualité notifiera que la vache est arrivée couchée et qu'on l'a abattue dans le camion, dans son logiciel de suivi des lots d'abattage. Il nous confiera qu'il le fait parce que la caméra est là, et qu'il est ainsi protégé en cas de contrôle ultérieur. On peut comprendre son silence lors de la scène comme un moyen d'appuyer la décision du vétérinaire, tout en évitant de perdre son client. Le vétérinaire pour sa part viendra nous trouver par après, en expliquant qu'il n'a pas fait

[7] L'écartèlement des postérieurs, ou le syndrome de la vache couchée est une conséquence de complication lors du vêlage. Cela arrive fréquemment aux vaches laitières.

de formulaire d'information parce qu'il croit que les pratiques changeront à force de dialogue. La présence de la caméra de surveillance dans ce cas favorise la compréhension mutuelle entre le vétérinaire et le responsable qualité de l'abattoir, qui ont a priori, des objectifs incompatibles. Ce cas contraste quelque peu avec le premier cas évoqué, où le vétérinaire et l'opérateur travaillent de concert à l'application stricte de la norme, mais il a le mérite de mettre en évidence que la présence de la caméra n'est pas sans impact sur les relations de travail.

L'hypothèse que la caméra rendrait incontestable le non-respect de la norme aboutira-t-elle alors à une redéfinition du projet des opérateurs qui s'alignerait, sur celui de l'État ? C'est probablement trop tôt pour l'affirmer, mais la volonté d'intégrer ce nouvel outil peut être interprétée comme émanant du souhait de résoudre le conflit de territoire entre les vétérinaires et les opérateurs, lorsqu'il y'en a un.

LE BIEN-ÊTRE ANIMAL DEVIENT-IL VRAIMENT L'AFFAIRE DE TOUS ?

L'installation de caméras de surveillance n'est toutefois pas sans conséquence, et l'exécution de ce contrôle ne s'opère pas sans questionnements, et ce toujours par rapport au territoire que représente l'abattoir et la mission de l'État qu'est le contrôle du bien-être animal.

On pourrait, très classiquement, mentionner d'emblée, les enjeux liés à la vidéosurveillance constante des travailleurs. Les syndicats se positionnent farouchement contre l'introduction de ces caméras. En effet, en Belgique, il existe une convention collective de travail datant de 1998, qui prévoit la protection de la vie privée des travailleurs concernés par l'installation de la vidéosurveillance sur leur lieu de travail. Celle-ci prévoit que le processus de production, et plus spécifiquement les travailleurs, puissent être contrôlés par vidéosurveillance de manière *temporaire et seulement à des fins d'amélioration de l'organisation du travail* (*Convention collective de travail,* 1998). Derrière ce rejet radical de la mesure par les syndicats, il faut entendre les inquiétudes suivantes : à quelles fins ces images seront-elles utilisées ? Qui y aura accès ?

Ces considérations sont aussi posées par les vétérinaires sur le terrain, malgré le fait qu'ils soient dans l'ensemble, en faveur de la mesure. Un fonctionnaire de l'AFSCA[8] nous dit ceci : « *Moi je suis plutôt pour personnellement. Après, si c'est pour qu'il y'ait une chaîne de télé 24h/24 où on tue*

[8] Il n'est plus en charge du contrôle du bien-être animal depuis la régionalisation du bien-être animal, mais il a toutefois un avis sur la question de la vidéosurveillance, étant habitué à être en seconde ligne du contrôle.

les animaux, les gens peuvent pas comprendre ». Cette opinion corrobore les propos de ce patron d'abattoir qui déclare : « *Tuer l'animal, on peut le faire avec du respect, et on peut tâcher de le faire du mieux qu'on peut. Mais c'est pas quelque chose de joli. On ne peut pas en faire une petite vidéo et oh mais regarde, ça c'est chouette comment ils tuent... Ça fait partie de notre processus.* ». Il y a dans leur discours l'idée, que l'image, en l'occurrence, la vidéo, possède un caractère esthétique et que par essence, la mise à mort systématique, procédurale comme l'évoque le patron d'abattoir ci-dessus, ne peut être esthétisée. Cette dernière affirmation est particulièrement intéressante parce qu'elle vient, en quelque sorte, infirmer que le bien-être animal devient l'affaire de tous, qui était pourtant la proposition que nous exposions dans la partie précédente.

Enfin, au-delà du fait que le consommateur constitue une autorité légitime, susceptible d'influencer un processus de production, comme nous l'avons démontré auparavant, l'État et le secteur de la viande s'accordent à dire que l'accès à ces images doit être limité. Ils défendent alors farouchement leur territoire par une disposition légale, qui ne satisfait pas pour autant les syndicats, puisqu'elle semble être en opposition avec la convention collective de travail évoquée plus tôt.

« *Les images ne peuvent être utilisées qu'à des fins de contrôle, sanction, ou formation. Elles doivent être conservées 14 jours. Les personnes dont l'accès à ces images est autorisé sont le responsable du bien-être animal de l'abattoir, la police, des agents habilités par le Gouvernement Wallon* » (*Code Wallon du Bien-Être Animal,* 2019).

Les vétérinaires chargés de mission n'ont donc théoriquement pas le droit d'accès aux images, malgré le soulagement que leur procure l'existence d'un tel système. Ce dernier serait presque incontestablement, la source de vérité en cas de litige. En amont surtout, il constitue un moyen potentiel de résoudre le conflit de territoire par l'évolution des pratiques des opérateurs dans le sens souhaité par l'État. Concernant le conflit qui oppose ces deux derniers acteurs à Animal Rights, cela nous semble plus ambitieux, les projets étant trop distincts.

CONCLUSION

Cet article s'est inscrit pleinement dans le champ des études animales, mêlant une longue tradition de recherche en sociologie du travail en abattoir et une littérature inter-disciplinaire sur l'action collective autour de la condition animale. Jusqu'alors relativement distinctes l'une de l'autre, nous avons pu montrer l'intérêt de les combiner, tout en dédiant un intérêt particulier aux animaux de rente. Nous n'avions pas pour objectif de questionner la place tenue par ceux-ci en sciences sociales bien que cet article puisse contribuer au débat déjà ouvert par d'autres chercheurs (Porcher et Schmitt, 2012 ; Guillo, 2015 ; Michalon, Doré et Mondémé, 2016).

Dans le cadre de la discussion, nous avons limité notre analyse à l'impact d'une seule association de défense des droits des animaux. Nous avons volontairement simplifié les enjeux institutionnels liés au contrôle du bien-être animal dans les abattoirs belges. Il implique plusieurs acteurs, à plusieurs niveaux de pouvoir, et cela complexifie d'autant plus les notions de territoire et dès lors de conflit évoquées dans l'argumentaire. Nous souhaitons souligner qu'il s'agit d'un aspect non-négligeable qui fera l'objet d'une autre étude.

De plus, l'article n'aborde pas la question de la visibilité pourtant largement développée, comme nous l'avons succinctement évoqué dans l'introduction. Une telle approche s'avérerait particulièrement intéressante dans le futur, avec un peu de recul par rapport à la mise en place de cette mesure toute récente. En effet, au-delà de la question du contrôle des travailleurs, entraînerait-elle une re-visibilisation de la mise à mort ? Si tel n'est pas le cas par les moyens de contrôle officiels évoqués comme on a pu le montrer, qu'en est-il des images diffusées par Animal Rights, à l'instar d'autres associations, telle que L214 en France par exemple, qui sont pour leur part, bien destinées à visibiliser la mort animale ?

BIBLIOGRAPHIE

AGULHON Maurice, 1981, « Le sang des bêtes. Le problème de la protection des animaux en France au XIXe siècle », *Romantisme*, n° 31, p. 81-110.

ANIMAL RIGHTS, 2017, *Undercover in een Vlaams varkensslachthuis Tielt*, Tielt. https://www,youtube,com/watch?v=M-aWfg2DTCw.

BALDIN Damien, 2014, « De l'horreur du sang à l'insoutenable souffrance animale », *Vingtième Siècle*, n° 123, n° 3, p. 52-68.

BARAN Benjamin E., ROGELBERG Steven G., CLAUSEN Thomas, 2016, « Routinized killing of animals: going beyond dirty work and prestige to understand the well-being of slaughterhouse workers », *Organization*, vol. 23, n° 3, p. 351-69.

BONNAUD Laure, COPPALLE Jérôme, 2008, « La production de la sécurité sanitaire au quotidien : l'inspection des services vétérinaires en abattoir », *Sociologie du Travail*, vol. 50, n° 1, p. 15-30.

BRUCKER Renate, 2019, « L'histoire du concept du droit des animaux du mouvement animaliste et du véganisme », trad. par J. Sellier, *Allemagne d'aujourd'hui*, n° 230, p. 140-56.

CARRIÉ Fabien, 2015, *Parler et agir au nom des bêtes : production diffusion et réception de la nébuleuse idéologique animaliste (France et Grande-Bretagne, 1760-2010)*, thèse Paris 10.

CÉLÉRIER Sylvie, 2011, « Des travailleurs suspects. Tâcherons dans les abattoirs de volaille ? », *Communications*, n° 89, p. 41-55.

CELKA Marianne, 2012, *L'Animalisme : enquête sociologique sur une idéologie et une pratique contemporaines des relations homme / animal*, thèse Université Paul Valéry - Montpellier III.

Code Wallon du Bien-Être Animal, 2019.

Convention collective de travail, 1998. https://www.autoriteprotectiondonnees.be/publications/convention-collective-de-travail-n68.pdf

Convention européenne sur la protection des animaux d'abattage, 1979. https://rm.coe.int/1680077da5

DELAVIGNE Anne-Elène, MARTIN Anne-Marie, MAURY Corinne, 2000, « Images d'abattage : champ et hors champ de l'abattoir », *Journal des anthropologues, Association française des anthropologues*, n° 82-83, p. 391-400.

DILLARD Jennifer, 2008, « A slaughterhouse nightmare: psychological harm suffered by slaughterhouse employees and the possibility of redress through legal reform note », *Georgetown Journal on Poverty Law & Policy*, vol. 15, p. 391-408.

DIXON Jane, 2003, « Authority power and value in contemporary industrial food systems », *International Journal of Sociology of Agriculture and Food*, vol. 11, p. 31-39.

GAUTIER Amandine, 2017, *Douleurs en chaîne. Une approche multi-niveaux de la santé au travail des agents de l'État en abattoir,* thèse, Sciences Po Lyon.

GRIMONPREZ Benoît, 2019, « Le bien-être des animaux d'élevage : mythe ou réalité juridique ? », à paraître, in *Les animaux,* LGDJ, Collection de la Faculté de droit de Poitiers.

GUILLO Dominique, 2015, « Quelle place faut-il faire aux animaux en sciences sociales ? », *Revue française de sociologie*, vol. 56, n° 1, p. 135-63.

INGRAM Darcy, 2019, « Imagining animal rights in nineteenth - Century New Yk: satire and strategy in the animale protection movement », *Journal of Historical Sociology*, vol. 32, n° 2, p. 244-57.

JOURDAN Félix, HOCHEREAU François, 2019, « La mise en application d'un règlement de protection animale au regard de la structuration des abattoirs français », *Anthropology of food*, n° S13 (mars).

MACNAIR Rachel, 2001, « Psychological reverberations for the killers: preliminary historical evidence for perpetration-induced traumatic stress », *Journal of Genocide Research*, vol. 3, n° 2, p. 273-82.

MCCABE Darren, HAMILTON Lindsay, 2015, « The kill programme: an ethnographic study of 'dirty work'in a slaughterhouse », *New Technology Work and Employment*, vol. 30, n° 2, p. 95-108.

MICHALON Jérôme, DORÉ Antoine, MONDÉMÉ Chloé, 2016, « Une sociologie avec les animaux : faut-il changer de sociologie pour étudier les relations humains/animaux ? », *SociologieS*, mars.

MULLER Séverin, 2008, *À l'abattoir : travail et relations professionnelles face au risque sanitaire*, Paris, Éditions de la Maison des sciences de l'homme, 301 p.

PACHIRAT Timothy, 2014, *Every twelve seconds industrialized slaughter and the politics of sight*, Yale, University Press, 302 p.

PORCHER Jocelyne, SCHMITT Tiphaine, 2012, « Dairy Cows: Workers in the Shadows? », *Society & Animals*, vol. 20, n° 1, p. 39-60.

RÉMY Catherine, 2009, *La fin des bêtes : une ethnographie de la mise à mort des animaux*, Paris, Economica, 210 p.

REYNAUD Jean-Daniel, 1993, *Les règles du jeu : l'action collective et la régulation sociale*, Paris, A. Colin, 313 p.

SHAPIRO Kenneth, DEMELLO Margo, 2002, « The state of human-animal studies », *Society & Animals*, vol. 10, n° 4, p. 331-337.

STULL Donald D., BROADWAY Michael J., 2012, *Slaughterhouse blues: the meat and poultry industry in North America,* Belmont CA, Cengage Learning, 227 p.

VÉRON Ophélie, 2016, « (Extra)ordinary activism: veganism and the shaping of hemeratopias », *The International Journal of Sociology and Social Policy*, vol. 36, n° 11/12, p. 756-773.

VIALLES Noélie, 1987, *Le sang et la chair : les abattoirs du pays de l'Adour,* Paris, Éditions de la Maison des sciences de l'homme, 127 p.

L'ADÉQUATION ANIMAUX-MACHINES, UN FACTEUR DE CONVERGENCE ENTRE PRODUCTION ET PROTECTION ANIMALE EN ABATTOIR

Animal-machine adequacy, a convergence factor between production and animal welfare in slaughterhouses

Félix JOURDAN
INRAE, UMR Innovation
felix.jourdan@supagro.fr

Résumé : Obligatoires depuis le milieu des années 1960, les méthodes « humanitaires » d'abattage des animaux d'élevage se généralisent dans les abattoirs français durant la seconde moitié du XXe siècle, en parallèle du processus de modernisation du marché de la viande. Les techniques d'étourdissement et de contention des animaux deviennent ainsi une composante d'un procès de production qui présente peu à peu tous les attributs de l'industrie de série. Si ces techniques s'adaptent globalement à des catégories d'animaux, elles ne permettent pas toujours de prendre en charge toutes leurs singularités. L'ascension du bien-être animal va alors provoquer un changement de paradigme technique en abattoir : tandis que les systèmes d'étourdissement et de contention reposaient sur une certaine adaptation des animaux aux machines, le règlement européen de protection animale, en vigueur depuis 2013 en abattoir, induit à l'inverse une certaine adaptation des machines aux animaux. À l'appui d'un corpus de 67 entretiens et d'observations dans 16 abattoirs, nous montrons que ce changement d'approche fait de l'adéquation animaux-machines un facteur clé de convergence entre exigences productives et de protection animale. Dans ce processus, les abattoirs les plus technologiques et spécialisés apparaissent structurellement avantagés pour répondre aux exigences de bien-être animal.

Mots-clés : abattage, industrie, bien-être animal, étourdissement, contention, bovins, volailles

Abstract : *Mandatory since the mid-1960s, "humanitarian" methods of slaughtering farmed animals became widespread in French slaughterhouses in the second half of the 20th century, in parallel with the meat market modernization process. The techniques of stunning and restraining animals thus become a component of a production process which gradually presents all the serial industry attributes. If such techniques globally adapt into animal categories, it does not always allow to take charge of their singularities. The rise of animal welfare will trigger a technical paradigm change in slaughterhouses : whereas the stunning and restraining systems were based on a certain adaptation of animals to machines, the European Animal Welfare Regulation, in force since 2013 in slaughterhouses, leads instead to a certain adaptation of machines to animals. In support of a corpus of 67 interviews and observations in 16 slaughterhouses, we demonstrate that this change in approach has made animal-machine adequacy a key factor of convergence be-*

tween productive requirements and animal welfare. In this process, the most technological and specialized slaughterhouses appear structurally advantaged to meet animal welfare requirements.

Keywords : *slaughter, industry, animal welfare, stunning, restraint, cattle, poultry*

INTRODUCTION

Dans son ouvrage sur les *Problèmes humains du machinisme industriel*, le sociologue Georges Friedmann consacrait un chapitre aux difficultés d'adaptation de la machine à l'homme, dans lequel il insistait sur la nécessité d'étudier la manière dont l'ouvrier s'approprie la machine pour qu'elle soit réellement « un outil à son *service* » (Friedmann, 1946, p. 100). En abattoir, un niveau supplémentaire de complexité intervient : la machine doit aussi s'adapter à l'animal ou, plutôt, aux différents types d'animaux. Depuis leur industrialisation, les abattoirs traitent en effet d'importantes quantités d'animaux avec des systèmes techniques qui s'adaptent globalement à certaines espèces et certains gabarits, mais pas nécessairement aux singularités de chaque animal ; spécificité qui conduisait Siegfried Giedion à se questionner sur les « limites de la mécanisation appliquée à un organisme aussi complexe que l'animal » (Giedion, 1983, p. 23).

À rebours de cette gestion des animaux « par catégories », le bien-être animal[1] repose sur une certaine prise en compte de leurs individualités (Mormede *et al.*, 2018 p. 155), impliquant d'accorder de l'importance aux variations « entre les espèces et même entre les individus d'une même espèce ou même d'une population » (*ibid.*, p. 156). En abattoir, le règlement de protection animale n° 1099/2009, en vigueur depuis 2013, s'inscrit dans cette logique. Il insiste sur la responsabilité qui incombe au professionnel de prouver que *tous* les animaux qu'il abat sont bien inconscients depuis leur étourdissement jusqu'à leur mort. Le règlement fait alors de l'adéquation entre les animaux et les machines un des leviers de sa mise en application. En quelque sorte, tandis que le procès d'abattage reposait auparavant sur une certaine adaptation des animaux aux machines, le règlement de protection animale induit à l'inverse une certaine adaptation des machines aux animaux. Quel est l'impact de ce changement d'approche sur les abattoirs ? Comment les professionnels gèrent-ils cette tension entre standardisation des

[1] L'ANSES définit le « bien-être » d'un animal par « l'état mental et physique positif lié à la satisfaction de ses besoins physiologiques et comportementaux, ainsi que de ses attentes ». Le terme « protection animale » renvoie aux mesures mises en œuvre pour répondre à l'objectif de bien-être animal ou plutôt, dans le contexte de l'abattoir, à l'objectif de « bien mourir » (Allmendinger, 2018 p. 27).

techniques et individualisation des animaux ? Que mettent-ils en œuvre pour tenter de la dépasser ?

Après un retour sociohistorique sur le processus d'industrialisation des abattoirs et la mise à l'agenda du bien-être animal, je montrerai en quoi l'application des règles de protection animale, en révélant des défaillances dans les systèmes d'abattage, ébranle l'agencement qui existait jusqu'alors entre exigences productives et de protection animale. Je mettrai ensuite en évidence que, dans le processus de réajustement technique qui en découle, l'adéquation animal-machine constitue un facteur clé de retour à un nouvel équilibre productif. Comme cette adéquation est notamment fonction du degré d'homogénéité des animaux et de flexibilité des techniques utilisées, je fais l'hypothèse dans cet article que les abattoirs les plus spécialisés et les plus technologiques sont structurellement avantagés pour répondre aux exigences de bien-être animal.

Pour mettre ceci en évidence, je m'intéresserai à la fois au cas des volailles et à celui des bovins. Il s'agira de montrer que, malgré les nombreuses différences entre les deux types d'animaux et de production, un même processus de réajustement des techniques d'abattage aux exigences de bien-être animal s'opère. En abattoir, le parcours des animaux est décomposé en plusieurs opérations successives depuis leur arrivée sur site jusqu'à leur mort. Je me concentrerai sur les étapes d'abattage à proprement parler. Pour l'espèce bovine, le procès consiste à faire entrer l'animal dans un « piège » de contention[2] puis à l'étourdir[3] à l'aide d'un pistolet à tige perforante. Une fois assommé, l'animal est éjecté du piège, suspendu à un rail aérien puis saigné. Pour les volailles, le procès consiste à suspendre les animaux par les pattes à une chaîne cadencée qui les plonge quelques secondes dans un bain d'eau électrifié pour les étourdir. Les volailles sont ensuite acheminées automatiquement vers la zone de saignée. La saignée est réalisée soit par un disque mécanique (procédé le plus fréquent à partir d'une certaine cadence), soit de façon manuelle. Du point de vue de la protection animale, l'étourdissement constitue l'étape cruciale du procès ; il a pour but de perturber le fonctionnement normal des neurones du cerveau de façon à rendre les animaux inconscients ; l'induction de l'inconscience ayant pour but de les empêcher de ressentir de la douleur et de la peur au moment de leur mise à mort (Terlouw *et al.*, 2015).

---

[2] La contention est définie comme l'« application à un animal de tout procédé conçu pour entraver ses mouvements et lui épargner toute douleur, peur ou agitation évitable, en vue de faciliter un étourdissement et une mise à mort efficace » (Interbev, 2013 p. 12-13).

[3] Le règlement n° 1099/2009 définit l'étourdissement comme « tout procédé appliqué intentionnellement qui provoque une perte de conscience et de sensibilité sans douleur, y compris tout procédé entraînant une mort immédiate ».

MÉTHODOLOGIE

Je m'appuierai dans cet article sur des enquêtes de terrain réalisées entre mai 2018 et août 2020 dans le cadre de ma thèse de doctorat. Le matériau mobilisé comprend des observations dans 16 abattoirs et 67 entretiens réalisés auprès des acteurs de la filière viande. 21 entretiens ont été menés auprès des services de l'État (administration centrale, services déconcentrés, vétérinaires d'abattoir), 5 avec des représentants d'ONG de protection animale, 5 avec des fabricants et distributeurs de matériel d'abattoir, 8 avec divers professionnels des filières bovines et avicoles (interprofessions, instituts techniques, fédérations d'abattoirs), 10 avec des consultants spécialisés sur des questions techniques et réglementaires en abattoir, 2 avec des scientifiques et 16 avec des directeurs et responsables d'abattoirs.

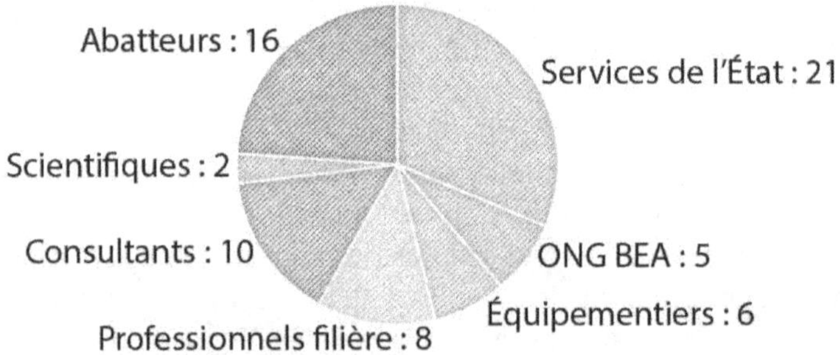

Figure 1 – **Distribution des entretiens par catégorie d'acteurs**

Acteurs / Espèce	Bovin	Volaille	Mixte	**Total**
Abatteurs	10	6		16
Consultants	3	5	2	10
Équipementiers	3	2		5
ONG BEA			5	5
Professionnels filières	4	4		8
Scientifiques	1		1	2
Services de l'Etat	14	2	5	21
Total	35	19	13	67

Tableau 1 – **Distribution des entretiens par filière**

Concernant les abattoirs visités, 12 d'entre eux sont des abattoirs d'animaux de boucherie[4] (5 de petite taille, 4 de taille intermédiaire et 3 de grande taille[5]) et 4 sont des abattoirs de volaille (2 de taille intermédiaire et 2 de grande taille[6]).

DE L'ADAPTATION DES ANIMAUX AUX MACHINES À L'ADAPTATION DES MACHINES AUX ANIMAUX

Industrialisation et humanisation de l'abattage

Aux États-Unis, l'histoire de l'abattoir est intimement liée à celle de l'industrie. C'est en effet dans les abattoirs de Cincinnati puis de Chicago au XIXe siècle que naissent les premières formes de division et de mécanisation du travail desquelles Henri Ford s'inspira pour ses usines automobiles (Giedion, 1983 ; Peaucelle, 2003). En France, quelques abattoirs sont construits à partir de l'exemple américain au lendemain de la Première Guerre mondiale, mais le modèle ne prend pas en raison de son manque d'adaptation aux modes de production et de consommation français (Moutet, 1983, p. 72-73) ainsi qu'aux méthodes artisanales de travail des bouchers-abatteurs. Le début du XXe siècle est toutefois marqué par une évolution des techniques d'abattage. On en trouve notamment les traces dans les traités d'inspection des viandes qui comportent, aux côtés des prescriptions sanitaires, des considérations morales sur les méthodes employées par les bouchers pour abattre les animaux. Se construit ainsi dans la littérature vétérinaire – mais aussi dans le discours des premiers protecteurs – la représentation d'une mise à mort « humanitaire » (avril 1967) des animaux domestiques. Elle s'établit par la disqualification progressive des techniques artisanales des bouchers (comme la masse, le merlin ou la saignée à vif) au profit du pistolet d'abattage pour les bovins et de l'anesthésie électrique pour les petits ruminants (Burgat, 1995, p. 67-68 ; Baldin, 2014, p. 59).

À partir des années 1960, le plan de modernisation de l'agriculture amorce un changement de fonction de l'abattoir et une transformation progressive du travail de mise à mort des animaux. Dans les abattoirs d'animaux de bouche-

---

[4] L'expression « animaux de boucherie » est utilisée pour désigner les bovins, ovins, caprins, porcins et équins destinés à la consommation humaine.

[5] Pour la typologie des abattoirs d'animaux de boucherie, se référer à Jourdan et Hochereau, 2019. Les sites de petite taille sont ceux dont le volume d'abattage est compris entre 2000 et 10 000 tonnes équivalent-carcasse (tec) annuelles, les sites de taille intermédiaire sont entre 10 000 et 20 000 tec et les abattoirs de grande taille sont à plus de 40 000 tec.

[6] Pour la typologie des abattoirs de volaille, nous nous appuyons sur celle proposée dans le rapport du CNEAB (CNEAB, 2019, p. 25) qui distingue les abattoirs de plus de 10 000 tec/an (grande taille), les abattoirs de 1000 à 10 000 tec (taille intermédiaire) et les abattoirs de moins de 1000 tec (petite taille).

rie, le caractère artisanal du travail laisse place à une rationalisation des tâches : division du travail en opérations courtes et répétitives, introduction d'une chaîne cadencée, mécanisation de certaines opérations, chronométrage du temps de travail, etc. La figure de l'ouvrier remplace celle du boucher dont les méthodes de travail sont jugées obsolètes et peu rentables (Muller, 2008). De même dans les abattoirs de volailles, la mécanisation du travail et la parcellisation des tâches conduisent à un accroissement du rendement, de telle sorte que « de 1964 à 1974, pour un établissement de taille identique, la productivité de chaque ouvrier aurait presque doublé » (Diry, 1985, p. 237).

Sous l'impulsion de la jeune OABA[7], les techniques d'étourdissement sont rendues obligatoires en 1964 pour les animaux de boucherie et en 1970 pour les volailles[8]. Côté bovins, le pistolet à tige perforante se diffuse et devient l'outil de référence pour procéder à l'assommage. Il fonctionne par un système de broche captive qui s'enfonce dans le crâne de l'animal par propulsion thermique (modèle le plus répandu, appelé aussi « Matador ») ou pneumatique. Corollaire de l'étourdissement, le décret n° 80-791 du 1er octobre 1980 exige que les animaux de boucherie soient contenus lors de leur étourdissement. Pour les bovins, les abattoirs se dotent ainsi de pièges de contention, équipement permettant de maintenir l'animal pour procéder à un étourdissement et à une saignée à moindre risque. Côté volailles, c'est le système d'étourdissement par bain d'eau électrifié qui est mis en place dans la plupart des abattoirs dépassant une certaine cadence d'abattage[9]. L'étourdissement fonctionne par une électronarcose tête-corps : les volailles sont accrochées par les pattes à des crochets métalliques puis sont plongées dans le bain d'eau ; le courant électrique se diffusant entre la tête et les pattes.

Une progressive normalisation des pratiques d'abattage s'opère ainsi autour des techniques d'étourdissement et de contention, dans une sorte de convergence entre un mouvement d'« humanisation » et d'industrialisation de la mise à mort animale, par ailleurs étudié par Noélie Vialles dans son ouvrage *Les abattoirs des Pays de l'Adour* (Vialles, 1987). Comme le souligne Catherine Rémy, si ces dispositifs sont rendus obligatoires par les législations de protection animale, ils présentent aussi l'avantage de diminuer le « risque pour l'homme dans le face-à-face avec l'animal » (Rémy, 2003, p. 62) et de fluidifier la production en limitant les réactions dangereuses et

---

[7] Œuvre d'Assistance aux Bêtes d'Abattoir, fondée en 1961.

[8] Décrets n° 64-334 du 16 avril 1964 et n° 70-886 du 23 septembre 1970.

[9] Généralement, les abattoirs dont la cadence avoisine les 100 à 200 volailles abattues à l'heure sont dotés d'un système d'étourdissement par bain d'eau. Dans les plus petits abattoirs qui fonctionnent sans ce système, les volailles sont saisies puis étourdies manuellement au moyen d'un système d'électrodes crâniennes. Dans quelques grands abattoirs, le système par bain d'eau a été remplacé par un système d'étourdissement gazeux ; j'y reviendrai au cours de l'article.

aléatoires des animaux. L'abattoir possède en effet la particularité d'être « le type même de l'industrie de série » (Saunier, 2019, p. 3) et, en même temps, de traiter une « matière » vivante dont les caractéristiques et les comportements ne sont jamais complètement prévisibles ni contrôlables. Il y a, pour reprendre l'expression de C. Rémy, un risque permanent de « non-alignement » (Rémy, 2003, p. 52) des animaux sur le dispositif d'abattage. C'est le cas lorsqu'un bovin reste bloqué dans un couloir de circulation, refuse d'entrer dans le piège, s'y affale, ou que ses caractéristiques corporelles et/ou comportementales ne permettent pas de le contenir ni de l'étourdir correctement. C'est aussi le cas lorsque certaines volailles sont trop agitées une fois suspendues à la chaîne au point de ne pas être immergées correctement dans le bain d'eau. Pour autant, ces problèmes d'adéquation entre machines et animaux étaient, jusqu'à récemment, gérés en interne de façon informelle ; situation qui va évoluer avec la montée en puissance du bien-être animal.

L'ascension du bien-être animal en abattoir

Avant les années 2000, la prise en compte de la sensibilité des animaux en abattoir renvoie pour l'essentiel à la généralisation des techniques d'étourdissement et de contention. Pour le reste, elle se pose en termes sanitaires. Les vétérinaires contrôlent l'état de santé général des animaux et interviennent lorsqu'ils constatent des cas de souffrance manifeste. Bien que les législations européennes de protection animale évoluent dans les années 1980-1990 notamment sous l'effet du lobbying à Bruxelles des organisations protectrices britanniques (Fabre, 1999 ; Bourdon, 2003), l'administration et les professionnels d'abattage français sont à l'époque préoccupés par la gestion des crises sanitaires, reléguant au second plan les questions de protection animale[10].

À partir du milieu des années 2000, le lobbying au long cours des associations « réformistes » se conjugue à l'activisme des militants « abolitionnistes »[11]. Des vidéos d'abattoirs diffusées sur les réseaux sociaux provoquent un tollé et débouchent en 2016 sur la mise en place par l'Assemblée nationale d'une commission d'enquête sur les conditions d'abattage dans les établissements français. Si les professionnels sont accusés de maltraitance, les services de l'État sont aussi pointés du doigt pour des défaillances en matière de contrôle. Pour les services d'inspection, la mission est triple : bannir les mauvaises pratiques, encourager les abattoirs à monter en gamme

---

[10] Cela ne signifie pas qu'aucun travail n'était mené en interne sur le sujet. Dans les années 1990, certaines fédérations d'abattoirs réalisaient des études sur des questions touchant à la protection animale (notamment au niveau de la bouverie). Néanmoins, ces questions restaient secondaires au regard des enjeux sanitaires et économiques, alors prédominants.

[11] Sur la distinction entre les différents courants « animalistes », voir notamment Celka, 2012.

en matière de protection animale et harmoniser les inspections sur l'ensemble du territoire.

À l'abattoir, c'est le règlement de protection animale CE n° 1099/2009, entré en vigueur en 2013, qui cadre les pratiques de mise à mort des animaux. Dans le prolongement de la méthodologie adoptée depuis le Paquet Hygiène (Jourdan et Hochereau, 2019), le règlement de protection animale insiste « sur la responsabilité qui incombe aux exploitants »[12] de garantir la protection animale tout au long des procédures d'abattage. Suivant les principes de l'assurance qualité, le professionnel doit « définir des modes opératoires normalisés fondés sur les risques pour toutes les étapes du cycle de production » et garantir en bout de chaîne « un étourdissement approprié de tous les animaux auxquels le processus est appliqué. »[13] Les abattoirs doivent ainsi prouver aux services de l'État 1) qu'ils disposent d'équipements de contention et d'étourdissement adaptés à *tous* les types d'animaux qu'ils abattent (obligation de moyens) et 2) que ces équipements permettent effectivement de garantir l'inconscience de *tous* les animaux jusqu'à leur mort (obligation de résultat).

Cette exigence entraîne un changement de paradigme technique en abattoir. Avant le règlement, il suffisait que les abattoirs possèdent des équipements de contention et d'étourdissement agréés par l'État pour respecter la réglementation. Pour chaque espèce, les professionnels ont investi dans du matériel d'abattage standard, globalement adapté à un type d'animaux. Certains abattoirs de bovins se sont équipés d'un piège pour les veaux et d'un piège pour les gros bovins, mais d'autres ne possèdent qu'un seul équipement pour contenir les différents gabarits (taureaux, vaches, bœufs, veaux, etc.). Si, en volaille, les lignes sont également spécialisées par type d'animaux (poulet, dinde, canards, etc.), le système d'électronarcose par bain d'eau est conçu pour délivrer une même tension électrique à des lots d'animaux plus ou moins homogènes. Or, depuis l'entrée en vigueur du règlement, les abattoirs doivent garantir par un dispositif de preuves que leur matériel d'abattage s'adapte correctement à l'ensemble des animaux qu'ils abattent. C'est aux effets de ce changement d'approche et aux transformations techniques qu'elles entraînent que nous allons nous intéresser dans une seconde partie.

---

[12] Règlement (CE) n° 1099/2009 du conseil du 24 septembre 2009 sur la protection des animaux au moment de leur mise à mort, p. 2.

[13] *Ibid.*, p. 4.

L'ADÉQUATION ANIMAL-MACHINE, UN FACTEUR CLÉ DE CONVERGENCE ENTRE EXIGENCES PRODUCTIVES ET DE PROTECTION ANIMALE

L'abattage industriel des volailles : vers un changement de système ?

Nous l'avons évoqué, l'étape cruciale du processus d'abattage des volailles du point de vue de la protection animale est la phase d'étourdissement ; c'est elle qui a pour but de faire perdre durablement conscience aux animaux. Du point de vue production, les animaux doivent être accrochés, étourdis et saignés à la chaîne à un rythme régulier sans interruption de procès ; sachant que les plus grands abattoirs de volaille français atteignent des cadences d'abattage avoisinant les dix à douze mille poulets à l'heure. Le système vise donc plusieurs objectifs. Premièrement (objectif productif), il requiert des animaux calmes et relativement immobiles à chaque phase pour assurer automatiquement l'étourdissement et la saignée. Deuxièmement (objectif commercial), il doit préserver la qualité de la viande et la présentation commerciale des carcasses (notamment limiter les fractures et les hématomes). Troisièmement (objectif protection), le système doit rendre systématiquement l'intégralité des animaux inconscients. De façon schématique, l'équilibre protection-production pour l'abattage des volailles repose sur la convergence de ces trois objectifs.

L'hétérogénéité animale, « catastrophique pour l'abattoir »

L'électronarcose par bain d'eau suit la loi d'Ohm et sa formule mathématique U=RI. Cette loi dit que l'intensité du courant (I) délivrée dans un circuit est proportionnelle à la tension fixée (U) et inversement proportionnelle à la résistance (R). Le système d'électronarcose tel qu'il existe en abattoir a deux particularités : il fonctionne avec un générateur de tension et comporte plusieurs animaux simultanément dans le bain d'eau. Partant de là, en délivrant une tension constante (U), l'intensité (I) du courant électrique distribué dans le bain d'eau va varier en fonction de la résistance du circuit (R). Or, cette résistance dépend au moins de deux séries de facteurs. La première renvoie aux caractéristiques des animaux ; la résistance des volatiles (appelée impédance) peut en effet fluctuer selon le poids, le sexe, la race, le mode d'élevage, le plumage, l'épaisseur de la peau, la propreté des pattes, etc. (voir par exemple Boyd, 1994 ; Gregory and Wotton, 1987). La seconde est liée aux caractéristiques de l'abattoir ; la résistance du circuit est aussi fonction du nombre de volailles immergées simultanément dans le bac, de la durée d'immersion, de la conception du bac, de la propreté des crochets ou encore de la qualité de l'eau (Bourin *et al.*, 2017).

Avant l'adoption du règlement n° 1099/2009, les paramètres d'électronarcose étaient déterminés localement sur la base de l'expérience du professionnel et des préconisations de consultants et d'instituts techniques. Il s'agissait de paramétrer la machine de façon à préserver en priorité la qualité des carcasses et à faire en sorte que les animaux restent immobiles au moment de la saignée. Avec la mise à l'agenda du bien-être animal, l'efficacité de l'électronarcose a fait l'objet de critiques ; certains réglages étant plus proches d'une électro-immobilisation que d'un véritable étourdissement[14]. Le législateur européen a alors décidé de fixer dans le règlement de protection animale une obligation de moyens et une obligation de résultat. Côté obligation de moyens, le règlement impose des paramètres d'électronarcose minimaux à respecter en fonction du type de volailles abattues ; côté obligation de résultat, il exige que les abatteurs réalisent des contrôles quotidiens pour vérifier que les paramètres appliqués génèrent effectivement l'inconscience de tous les animaux.

Or, nous l'avons souligné, le bain d'eau fonctionne à tension constante et le courant électrique se distribue simultanément à plusieurs volailles. Comme l'impédance varie d'un animal à l'autre, certains (les femelles par exemple) recevront un courant électrique plus faible et d'autres (les mâles par exemple) recevront un courant électrique plus fort. En plus d'être liée aux caractéristiques de l'abattoir, l'efficacité de l'électronarcose se révèle donc très « animal-dépendant ». Dès lors, plus le professionnel abat des lots de volailles hétérogènes, plus le système devient complexe à maîtriser du point de vue de la protection animale.

> « L'hétérogénéité est catastrophique pour l'abattoir. Parce que dès que vous êtes en hétérogénéité vous avez des problèmes déjà pour calibrer les machines, et surtout vous avez une modification de la résistance. Donc moi je reviens tout le temps à ma loi d'Ohm, c'est beaucoup plus facile d'abattre 100 000 poulets standards du même poids du même âge tout ça, que commencer à abattre du jaune du noir du blanc, du 82 jours, du 52 jours, du 35 jours, qui vont avoir forcément des résistances différentes » (Consultant / 1).

> « Dès que t'es avec des lots hétérogènes, je prends par exemple des poulets Label, des tout-venant Label, tu vas avoir des petites femelles à 2,1 kg et des gros mâles à 2,5 kg dans le même lot, et ils vont passer à la chaîne, ils vont être dix ensemble. Un coup t'auras trois mâles, un coup c'est une femelle, un coup t'auras cinq maux, un coup t'auras cinq femelles. Et ça c'est ingérable » (Consultant / 2).

---

[14] Des audits ont été réalisés par la Commission européenne dans plusieurs États membres dont les rapports pointaient des dysfonctionnements de l'électronarcose. Un rapport effectué en France en 2013 signalait ainsi que « dans tous les abattoirs visités, des paramètres d'étourdissement incorrects étaient appliqués » et que de nombreuses volailles « présentaient toujours des signes de conscience » (DG SANCO, 2003 p. 11).

Maîtriser son approvisionnement est alors déterminant pour l'abatteur ; le « bon éleveur » étant capable de fournir des lots d'animaux les plus uniformes possible notamment en termes d'âge, de taille et de poids. Sur la base des informations transmises par l'éleveur, l'abattoir calibre sa chaîne d'abattage et ses machines, détermine les doses de courant à délivrer à chaque lot et vérifie par un contrôle interne régulier que les paramètres appliqués étourdissent effectivement les animaux. Ainsi, les performances zootechniques en élevage déterminent pour partie les performances de bien-être animal en abattoir. Compte tenu du fonctionnement « in-individualisé » de l'électronarcose, les productions à faible variabilité animale sont susceptibles de présenter de meilleurs résultats en termes de protection animale.

> « Quand vous prenez du petit poulet blanc qui fait 1,5 kg et qui est super homogène, vous avez un résultat très bon. Donc vous pouvez venir [contrôler] une fois par jour, vous vérifiez trois minutes et c'est plié » (ISPV, DGAL / 2).

Pour améliorer l'homogénéité des lots, les professionnels travaillent aussi sur les conditions de transport et, à l'abattoir, sur les conditions d'attente des animaux (températures, luminosité, etc.). Car outre l'influence de facteurs tels la taille, le sexe ou le poids, la résistance des volailles au choc électrique est aussi fonction de leur niveau de stress. Mais quand les professionnels ont peu de prises sur la partie amont, sont contraints par la structuration de leur abattoir ou manquent de moyens pour investir, il leur reste une option : jouer avec les paramètres d'électronarcose pour en augmenter la puissance générale. De cette façon, les volailles qui étaient mal étourdies le seront correctement, mais celles qui l'étaient déjà suffisamment recevront une surcharge de courant. En conséquence, une partie des animaux ressortira simplement étourdie du bain d'eau et une autre en ressortira morte ; la puissance de l'électronarcose provoquant une fibrillation cardiaque aux animaux les plus faibles. Les effets de cette intensification électrique font débat chez les acteurs rencontrés. Certains estiment que le choc de l'étourdissement dégrade la qualité des produits et que l'arrêt cardiaque provoqué conduit à une mauvaise évacuation du sang ; d'autres affirment qu'il ne pose aucun problème de ce genre. Pour plusieurs acteurs, cette question constitue une zone grise qui nécessiterait d'être étudiée de façon plus approfondie.

Dans tous les cas, la maîtrise des opérations pré-abattage permettant d'homogénéiser les lots est essentielle pour l'industriel, tant pour des raisons commerciales et productives que de protection animale. En fin de compte, l'amélioration du bien-être animal pourrait converger avec les stratégies de certains grands groupes avicoles qui tendent, quand ils possèdent un « parc » d'abattoir assez fourni, à spécialiser leurs sites par catégorie d'animaux et par produit, voire même par client.

L'option de l'étourdissement par système gazeux

Dans plusieurs grands abattoirs, le système d'électronarcose par bain d'eau a été remplacé par un système d'anesthésie gazeuse (appelé *controlled atmosphere system*, CAS). Ce procédé consiste à introduire les animaux dans une structure calfeutrée et à les exposer à un mélange gazeux qui leur fait perdre progressivement conscience jusqu'à, dans la majorité des cas, provoquer leur mort. Initialement motivée par des demandes clients, cette évolution est aussi vivement encouragée par les ONG de protection animale. Celles-ci considèrent en effet le système par bain d'eau globalement déficient[15] et vantent les avantages du CAS, car il supprime l'accrochage des volailles conscientes (comme c'est le cas en système d'électronarcose par bain d'eau) et parce que les paramètres choisis par les abatteurs entraînent généralement l'arrêt cardiaque des animaux, transcendant leur hétérogénéité et rendant impossible tout retour de conscience. Du côté des professionnels, le système présente l'avantage de ne pas « électro-choquer » les carcasses et de faciliter le travail des opérateurs ; l'accrochage des animaux conscients posant en effet d'importants problèmes de souffrance au travail chez les ouvriers (Célérier, 2012).

Dans le discours de certains acteurs, le système d'étourdissement par mélange gazeux ferait converger les exigences productives et de protection animale. Il permettrait 1) d'étourdir d'importantes quantités d'animaux 2) sans avoir à les suspendre conscients en position inversée 3) en neutralisant les variations individuelles 4) de façon irréversible, c'est-à-dire sans possibilité de retour de conscience 5) fluidifiant les phases d'accrochage à la chaîne et de saignée automatique. Les impératifs commerciaux et productifs rejoindraient ainsi l'objectif de prise en compte de la sensibilité animale, incarnant une sorte d'idéal-type d'une « mise à mort industrielle "humaine" » (Rémy, 2003).

Toutefois, de nombreuses incertitudes persistent. Premièrement, les scientifiques sont prudents quant aux effets de l'étourdissement gazeux sur le « bien mourir » des volailles. Si c'est sur l'espèce porcine qu'elle fait le plus débat (détresse respiratoire, brûlure des muqueuses, stress lié à l'asphyxie), l'utilisation du système sur les volatiles nécessite d'être bien maîtrisée pour être véritablement efficace. Rien ne garantit donc, pour l'heure, que les volailles ne souffrent pas durant la période d'exposition au mélange gazeux (Terlouw *et al.*, 2015). Deuxièmement, le système d'électronarcose par bain d'eau électrifié s'est installé comme norme de production dans les abattoirs de volaille depuis les années 1960. Le passage à l'étourdissement gazeux suppose une transformation structurelle qui nécessite des travaux et des

---

[15] Voir par exemple sur le site du CIWF : https://www.agrociwf.fr/ressources/poulets-de-chair/ameliorer-lelectronarcose-par-bain-deau/. Consulté le 17/07/2020.

investissements colossaux. Actuellement, le CAS aurait été mis en place en France dans une dizaine d'établissements et ne peut être adopté que par des abattoirs qui disposent d'importantes capacités d'investissement et des volumes pour le rentabiliser.

Pourtant, un nombre croissant de chaînes de distribution et de restauration s'engage dans des démarches « *welfare-friendly* » qui imposent à leurs fournisseurs d'abandonner le système d'électronarcose par bain d'eau. C'est le cas du *Better Chicken Commitment* rejoint entre 2019 et 2020 par Carrefour, Casino, Sodebo, Sodexo, Flunch, Burger King ou encore KFC. Si cette tendance se confirme et qu'aucune alternative ne se développe, notamment dans les établissements à plus petit budget, les abattoirs les mieux référencés en termes de bien-être animal se limiteront à une poignée de sites privés appartenant à quelques grands groupes agroalimentaires.

LA GESTION DE LA DIVERSITÉ ANIMALE DANS LES ABATTOIRS DE BOVINS

Nous l'avons vu pour la volaille avec le cas de l'électronarcose, la diversité animale constitue un point d'achoppement à la convergence des exigences productives et de protection animale. Nous allons voir dans cette seconde partie qu'un phénomène similaire s'observe pour l'espèce bovine.

Gérer les gabarits lors de la contention

La plupart du temps, les abattoirs « de proximité » fonctionnent au tout-venant. Ils répondent au besoin en abattage des éleveurs, bouchers et chevillards du territoire, assurant un service de prestation nécessaire au maintien des circuits d'approvisionnement locaux. Les animaux proviennent des élevages environnants dont les caractéristiques et les particularités varient d'une région, d'un type d'élevage ou d'une race à l'autre. Bien qu'ils possèdent une chaîne spécifique pour l'abattage des bovins, ils n'ont souvent qu'un seul système de contention pour les différents types d'animaux. Le piège bovin peut donc être utilisé pour contenir des veaux, des taureaux, des vaches, des génisses, des bœufs voire des chevaux, posant régulièrement des soucis d'adéquation entre la machine et les gabarits.

> « C'est le même problème qu'il y a dans tous les abattoirs, les petits abattoirs, parce que les petits abattoirs n'ont pas de moyens. [Ils veulent faire] passer tout et rien en même temps, c'est-à-dire qu'ils vous demandent des trucs pour…excusez-moi, quand vous avez un veau de 80 kg et qu'on vous demande en même temps de passer un bovin dans le même appareil de contention, d'une tonne trois, une tonne quatre, c'est compliqué » (Équipementier / 2).

Nous avons insisté par ailleurs sur les difficultés auxquelles font face les abattoirs prestataires de petite taille lorsqu'ils travaillent avec du matériel ancien et peu fonctionnel (anonyme). De surcroît, leurs équipements de contention sont les moins flexibles alors qu'ils sont les plus concernés par la diversité des populations animales. C'est le cas des veaux – trop petits – qui bougent et peuvent se retourner une fois entrés dans le piège ; de certains bovins dont les cornes – trop volumineuses – se bloquent dans le couloir d'amenée ou entre les parois du piège ; des gros taureaux – trop imposants – ou des taurillons dont la nervosité est parfois difficile à maîtriser. Avant l'application du règlement n° 1099/2009, ces situations ne faisaient pas l'objet d'une procédure normalisée. Elles se géraient bon gré mal gré au regard des moyens humains et techniques à disposition. Surtout, ce manque d'adéquation animal-machine n'était pas sanctionné par les services vétérinaires. Depuis 2013, les services de l'État peuvent demander au professionnel de changer de piège, de le modifier ou lui interdire d'y abattre certaines catégories d'animaux.

> « Dans l'idéal c'est le professionnel qui, via son contrôle interne, va se rendre compte [que le matériel n'est pas adapté] et va dire "ben moi dans ma méthode je suis capable de faire des gros bovins à partir de 250 kg et des veaux à partir de 180 kg, je ne suis pas capable avec ce moyen-là de traiter du veau de moins de 180 kg, donc je l'exclus de mes MON (modes opératoires normalisés)". Ça, c'est la logique réglementaire, c'est comme ça que ça devrait se faire. Ce qui se passe souvent c'est que c'est le service qui se rend compte qu'il y a des choses qui dysfonctionnent » (ISPV, DGAL / 1).

En cas d'inadéquation, les abatteurs ont plusieurs options. Soit ils modifient leur piège de façon à l'adapter aux différents gabarits ; soit, si l'appareil est trop vétuste et inadapté, ils investissent dans un nouveau piège. Or conformément à la logique d'obligation de résultat, les services de l'État ne déterminent plus la conformité du matériel *a priori*, ils l'évaluent *a posteriori* en contrôlant son utilisation en situation de travail. Le professionnel est libre de choisir sur le marché l'équipement qu'il souhaite sans toutefois être certain, une fois installé, qu'il sera agréé pour l'intégralité des animaux. Dès lors, la qualité de la relation entre l'abatteur et son fournisseur est déterminante et nécessite souvent l'accompagnement de consultants. Mais la communication n'est pas toujours fluide et les situations d'asymétrie d'information sont courantes. Soit parce que l'abatteur s'est tourné directement vers un modèle de piège sans avoir au préalable précisément identifié ses besoins, soit parce que l'explicitation de ses besoins ne s'est pas faite clairement, soit parce que, compte tenu de la diversité des animaux qu'il abat, l'abatteur ne peut acheter qu'un piège standard qui ne correspondra de toute façon qu'à certaines catégories d'animaux. De leur côté, les fabricants proposent une offre limitée de matériel, notamment en raison des coûts en bureau d'études qu'induirait une vaste déclinaison d'équipements. Certains proposent une gamme de pièges plus étendue, mais les versions les plus récentes et les plus fonctionnelles sont aussi les plus coûteuses, et sont donc difficilement accessibles aux petits abattoirs.

Si plusieurs grands établissements sont eux aussi multi-espèces, la taille et la spécialisation des lignes font que le complexe ressemble plus à un ensemble d'abattoirs mono-espèces accolés les uns aux autres qu'à un abattoir multi-espèces. En outre, ils possèdent souvent pour une même espèce plusieurs équipements de contention ; un piège étant utilisé pour les petits gabarits et un autre pour les plus gros animaux. Depuis quelques années, certaines entreprises équipent même leurs abattoirs de pièges entièrement modulables en fonction du gabarit des animaux. Quelques petits abattoirs ont eux aussi investi dans ce type de matériel, mais la plupart traitent toujours une diversité d'animaux avec un seul piège de contention. Aussi, même si la diversité animale n'est jamais totalement maîtrisée dans les grands abattoirs, elle provoque souvent moins d'aléas que dans les établissements de petite taille, lesquels sont susceptibles de présenter davantage de « non-conformités ». En témoignent ces extraits de quatre rapports vétérinaires réalisés dans des abattoirs multi-espèces de petite taille (figure 2).

B05	**Matériels d'immobilisation**	**C - Non conformité moyenne**
Abattoir n°1	*le dispositif d'immobilisation n'est pas adaptable aux différentes catégories de bovins (largeur non réglable) et l'immobilisation des veaux est dès lors insuffisante (retournement possible...)*	

B05	**Matériels d'immobilisation**	**C - Non conformité moyenne**
Abattoir n°2	*Les modes d'emploi, le registre des opérations d'entretien et de maintenance seront contrôlés lors de la prochaine inspection.* *Le piège a été aménagé pour réduire la longueur du piège lors de l'assommage des veaux. La largeur est toujours trop grande et les veaux se retournent.* *Installation d'un bandeau en caoutchouc en bas de la paroi latérale du piège côté évacuation afin de masquer le jour. Installation d'un bandeau caoutchouc en bas de la porte guillotine.* *Depuis qu'une bavette plastique a été installée latéralement, le piège est plus difficilement nettoyable en cours de tuerie et on observe une stagnation de sang sur le sol du piège.*	

B05	**Matériels d'immobilisation**	**C - Non conformité moyenne**
Abattoir n°3	*Le piège n'est pas adapté (trop grand) pour permettre une contention correcte des veaux.*	

B05	**Matériels d'immobilisation**	**D - Non conformité majeure**
Abattoir n°4	***Absence de piège adapté aux veaux de taille moyenne. Ceux-ci sont placés dans le piège à gros bovins dans lequel ils peuvent se retourner voire passer sous la barrière latérale.*** ***Absence de système d'immobilisation de la tête pour toutes les espèces (bovins, ovins, caprins, porcins).*** ***Les pièges utilisés pour les petits animaux sont vieillissants et présentes des surfaces coupantes.***	

Figure 2 – **Extraits de quatre rapports d'inspection de la protection animale en abattoir** (année 2016)

Finalement, de la même manière que dans les abattoirs de volaille, l'application des règles de protection animale est notamment fonction du degré d'homogénéité des animaux et de flexibilité des techniques utilisées. Plus les abattoirs sont spécialisés dans l'abattage d'un type restreint d'animaux, plus ils augmentent leurs chances d'être performants en matière de bien-être animal, comme l'illustre cette comparaison entre les industries d'abattage et automobile proposée par un ISPV[16] :

> « [Le grand abattoir industriel] fait qu'une seule espèce donc il achète l'équipement qui va bien, qui permet d'immobiliser et d'étourdir les animaux de façon simple, propre, sans qu'il n'y ait de problèmes particuliers. Mais il est spécialisé, c'est comme si vous allez chez Midas qui fait que le changement de pneus, ben il va vous le faire pour pas cher, rapidement et il a le matériel qui va bien. Si vous allez chez le petit garagiste qui vous fait tout, l'électronique, etc., il peut ne pas avoir la pièce qu'il vous faut » (ISPV, DGAL / 1).

Vers la fin de l'étourdissement « à la volée » ?

Historiquement l'assommage des bovins se réalise « à la volée » : une fois entré dans le piège, l'animal est contenu, mais pas immobilisé, il peut toujours s'agiter, baisser ou lever sa tête, se coucher voire se retourner (dans le cas d'un veau contenu dans un piège pour gros bovins). Dès lors, c'est à l'opérateur en charge de l'étourdissement de jauger le bon moment pour placer et actionner avec précision et assurance le pistolet sur le crâne de l'animal.

> « L'assommage avec la tige perforante c'est efficace, mais il faut le faire au bon endroit (…) C'est arrivé, dans la berce, qu'on fasse un deuxième assommage [parce que] la tête bougeait au dernier moment. Il se fait des pièges maintenant qui bloquent la tête, et à la limite c'est sûr qu'on est certain d'appliquer la tige perforante toujours au même endroit. Nous la tête n'est pas bloquée donc on a une petite perte de temps à ce moment-là, parce qu'on attend d'être sur la bonne position » (Directeur, abattoir de petite taille / 1).

L'efficacité de l'étourdissement dépend alors en partie du niveau d'agitation de l'animal et de l'expérience de l'opérateur, mais aussi de facteurs directement liés aux caractéristiques des animaux. En effet, des études montrent que la qualité de l'étourdissement peut différer selon le sexe, le poids, l'âge ou la race des animaux, traduisant des variations dans la morphologie, l'épaisseur et la solidité du crâne des différents types de bovins (Bourguet *et al.*, 2020 p. 23-24). Bien qu'il existe des cartouches de puissance différente en fonction du type d'animal, certains abatteurs rencontrés témoignent tout de même de difficultés à étourdir certains bovins.

> « Sur des animaux de race laitière, notamment des brunes des Alpes ou des gros taureaux, moi je préfère que [l'opérateur à l'étourdissement] répète encore [l'étourdissement], une fois que les animaux ont été hissés. C'est-à-dire qu'il peut y avoir trois, quatre percussions » (Directeur, abattoir de petite taille / 2).

[16] Inspecteur de santé publique vétérinaire.

Un nombre croissant d'abattoirs commerciaux a choisi d'installer à la place du pistolet thermique un pistolet à propulsion pneumatique. Plus puissant, il doit obligatoirement être couplé à une immobilisation de la tête du bovin pour être utilisé. Le système présente trois avantages : il supprime les mouvements de l'animal, facilite le positionnement du pistolet sur son crâne et transcende les disparités de résistance grâce à la puissance de la pression pneumatique. De cette façon, les variabilités humaine et animale sont neutralisées et l'étourdissement gagne en efficacité et en précision.

> « Aujourd'hui vous avez des abattoirs qui sont en pneumatique et qui sont quasiment à 100 % d'efficacité. De toute façon c'est aussi le fait qu'avec un pneumatique forcément vous avez une contention corps et tête (...). Donc indirectement vous augmentez aussi vos chances de réussir (...). Je trouve que c'est plus performant, notamment sur tous les animaux un peu plus spécifiques, type jeunes bovins ou taureaux, on voit vraiment la différence. Après le pneumatique c'est 20 000 €, le pistolet 800 € » (Chef de projet, institut technique / 1).

Le pistolet pneumatique est présenté comme globalement supérieur au pistolet thermique utilisé à la volée. Mais il présente aussi certaines limites. Premièrement, la phase d'immobilisation peut être une source de stress et de douleur pour l'animal quand elle est mal maîtrisée (Bourguet *et al.*, 2020, p. 22). Si certains systèmes viennent se positionner autour de la tête du bovin (l'équipement s'adapte à l'animal), d'autres nécessitent de manipuler l'animal pour qu'il place correctement sa tête dans le système (l'animal s'adapte à l'équipement), augmentant alors son niveau de stress. Deuxièmement, le pistolet pneumatique ne peut être installé que dans les abattoirs qui disposent d'un budget suffisant et d'un volume d'abattage permettant d'en amortir l'achat à savoir, principalement, les abattoirs commerciaux intégrés à des groupes privés. À la place, certains abatteurs assomment les animaux au pistolet thermique dans le piège prévu initialement pour l'abattage rituel, dont les parois amovibles et la mentonnière permettent d'effectuer une contention corps-tête à moindres frais.

CONCLUSION

Les difficultés d'adaptation des systèmes d'abattage aux différents types d'animaux montrent toute la complexité de l'utilisation de techniques standardisées pour traiter une « matière animale » foncièrement hétérogène, rappelant avec Siegfried Giedion qu'« une substance organique complexe avec toutes ses contingences (...) n'a rien de commun avec un morceau de fer amorphe » (Giedion, 1980, p. 255). Ces tensions entre standardisation technique et individualisation des animaux – qui viennent se révéler avec l'application du règlement de protection animale – débouchent sur des ajustements dont le succès dépend notamment de la capacité des professionnels à maîtriser l'adéquation entre les animaux traités et les techniques d'étourdissement utilisées. Nous l'avons vu en volaille avec l'électronarcose par bain d'eau et en bovin avec les systèmes de contention et l'assommage « à la volée ». On peut d'ailleurs poser l'hypothèse que, finalement, certaines de ces techniques ne sont pas suffisamment industrielles dans la mesure où elles ne permettent pas de neutraliser les singularités des animaux, là où l'étourdissement gazeux et l'assommage pneumatique semblent mieux y parvenir.

Si la part d'impondérables inhérente au travail d'abattage des animaux n'est jamais totalement maîtrisée, les abattoirs commerciaux de groupe sont mieux armés pour la tempérer. Cela ne signifie pas que ces derniers sont toujours irréprochables et que les établissements prestataires de petite taille sont systématiquement défaillants du point de vue de la protection animale ; d'autres facteurs comme la qualité du management, les conditions de travail ou l'intensité du rythme de production sont aussi déterminants. Néanmoins, du fait de leur spécialisation et de leur capital technologique, les abattoirs commerciaux ont globalement une « longueur d'avance » par rapport aux établissements prestataires de plus petite taille.

De surcroît, la diversité animale est inévitable dans les établissements prestataires étant donné la variété des élevages environnants et la volonté de donner la possibilité à tous les usagers de faire abattre leurs animaux. La production n'est donc ni standardisée ni standardisable ; elle est nécessairement hétérogène puisque c'est la fonction même de l'abattoir prestataire qui l'impose. Ce qui est toutefois singulier avec le bien-être animal, c'est que la convergence des exigences productives et réglementaires se confond avec de puissantes injonctions morales. Les abattoirs défaillants dans l'application des règles de protection animale ne sont plus seulement dysfonctionnants, ils sont aussi potentiellement maltraitants. À l'inverse, les grands établissements, structurellement avantagés, sont susceptibles d'être présentés comme les plus « *welfare-friendly* », notamment par les associations de protection animale.

Ce besoin en animaux homogènes, commun aux exigences productives et protectrices, devrait conduire à réinterroger la manière dont s'articulent les différentes étapes du parcours de vie (et de mort) des animaux d'élevage. Des enquêtes récentes montrent qu'une part croissante de la population souhaite la fin de l'élevage industriel au profit de systèmes extensifs insérés dans une agriculture paysanne (Magdelaine *et al.*, 2018). Sachant que « les pratiques extensives sont généralement par elles-mêmes facteurs d'hétérogénéité » (Landais et Balent, 1993, p. 25), comment encourager leur développement si la diversité animale est un problème à l'abattoir ?

BIBLIOGRAPHIE

ALLMENDINGER Fanny, 2008, *Bientraitance des bovins à l'abattoir, des considérations éthiques aux réalités pratiques*, thèse pour le doctorat vétérinaire, École Nationale Vétérinaire d'Alfort, 159 p.

AVRIL François, 1967, *L'abattage humanitaire des animaux de boucherie*, thèse pour le doctorat vétérinaire, École Nationale Vétérinaire d'Alfort, 133 p.

BALDIN Damien, 2014, *Histoire des animaux domestiques*, Paris, Le Seuil, 384 p.

BOURDON Jean-Paul, 2003, « Recherche agronomique et bien-être des animaux d'élevage », *Histoire & Sociétés Rurales*, n° 19/1, p. 221-239.

BOURGUET Cécile, DEVRIENDT Noémie, TERLOUW Claudia *et al.*, 2020, *Synthèse bibliographique sur l'abattage des bovins en France avec et sans étourdissement : identification des sources de stress et de douleur*, Bureau ETRE / OABA, 73 p.

BOURIN Marie, BIGNON Laure, TERLOUW Claudia, 2017, « Électronarcose des poulets : facteurs d'impact de l'efficacité de l'étourdissement et de la qualité des produits », Tours, *Douzièmes Journées de la Recherche Avicole et Palmipèdes à Foie Gras*, p. 1-9.

BOYD Freedman, « Humane slaughter of poultry: the case against the use of electrical stunning devices », 1994, *Journal of Agricultural and Environmental Ethics*, n° 7/2, p. 221-236.

BURGAT Florence, 1995, *L'animal dans les pratiques de consommation*, Paris, Presses Universitaires de France, 126 p.

CELERIER Sylvie, 2012, « Le salariat dans la chair. Ambivalences du tâcheronnat dans les industries de viande de volaille », in P. Cingolani (dir.) *Un travail sans limites ?*, ERES « Clinique du travail », p. 81-100.

CELKA Marianne, 2012, *L'animalisme. Enquête sociologique sur une idéologie et une pratique contemporaines des relations homme/animal*, thèse de doctorat en sociologie, Université Montpellier III Paul Valéry, 468 p.

CNEAB (Conseil national d'éthique des abattoirs), 2019, *Recommandations du comité national d'éthique des abattoirs*, Conseil National de l'Alimentation, 97 p.

DG SANCO (Direction générale de la santé et des consommateurs de la Commission européenne), 2013, *Rapport final d'un audit effectué en France du 11 au 20 juin 2013 en vue d'évaluer les systèmes de contrôle en place régissant la production et la mise sur le marché des viandes de volaille et de leurs produits dérivés*, 27 p.

DIRY Jean-Paul, 1985, *L'industrialisation de l'élevage en France : économie et géographie des filières avicoles et porcines*, Paris, Éd. Ophrys, 680 p.

FABRE Agnès 1999, « Bien-être des animaux : prise en compte de la demande sociale par les pouvoirs publics. La réglementation nationale et européenne », in A. Ouedraogo & P. Le Neindre (dir.) *L'homme et l'animal : un débat de société,* Paris, Inra-Quae, p. 63-85.

FRIEDMANN Georges, 1946, *Problèmes humains du machinisme industriel*, Paris, Gallimard, 381 p.

GIEDION Siegfried, 1983, *La mécanisation au pouvoir. Tome 2 : Technique et environnement humain* (1re édition anglaise en 1948 et française en 1980), Denoël/Gonthier 302 p.

GREGORY Neville G., WOTTON Stephen B., 1987, « Effect of electrical stunning on the electroencephalogram in chickens », *British Veterinary Journal,* 143, p. 175-183.

INTERBEV, 2013, *Guide de bonnes pratiques. Maîtrise de la protection animale des bovins à l'abattoir*, 201 p.

JOURDAN Félix, HOCHEREAU François, 2019, « La mise en application d'un règlement de protection animale au regard de la structuration des abattoirs français », *Anthropology of food*, S13, p. 1-21.

LANDAIS Étienne et BALENT Gérard, 1993, « Introduction à l'étude des systèmes d'élevage extensif », *Études et Recherches sur les Systèmes agraires et le Développement, INRA éditions,* p. 13-36.

MAGDELAINE Pascale, ROGUET Christine, DOCKES Anne-Charlotte, DELANOUE Elsa, 2018, « Les controverses sur l'élevage. Principaux enseignements du projet ACCEPT », *revue TeMA,* n° 47, p. 1-9.

MOUTET Aimée, 1983, « Introduction de la production à la chaîne en France du début du XXe siècle à la grande crise en 1930 », *Histoire, économie & société,* vol. 2 / 1, p. 63-82.

MORMEDE Pierre, BOISSEAU-SOWINSKI Lucille, CHIRON Julie *et al.*, 2018, « Bien-être animal : contexte, définition, évaluation », *INRA Productions Animales,* n° 31/2, p. 145-162.

MULLER Séverin, 2008, *À l'abattoir : travail et relations professionnelles face au risque sanitaire*, Paris, Versailles, Maison des Sciences de l'Homme, 301 p.

PEAUCELLE Jean-Louis, 2003, « Du dépeçage à l'assemblage, l'invention du travail à la chaîne à Chicago et à Detroit », *Gérer et Comprendre*, p. 75-88.

RÉMY Catherine, 2003, « Une mise à mort industrielle "humaine" ? L'abattoir ou l'impossible objectivation des animaux », *Politix*, n° 16/64, p. 51-73.

SAUNIER Pierre, 2019, « Les figures géométriques de l'élevage intensif et de l'abattoir industriel. Leurs déterminants économiques », *Anthropology of food*, n° S13, p. 1-21.

TERLOUW Claudia, BOURGUET Cécile, DEISS Véronique, 2015, « La conscience, l'inconscience et la mort dans le contexte de l'abattage. Partie I. Mécanismes neurobiologiques impliqués lors de l'étourdissement et de la mise à mort » et « Partie II. Méthodes d'évaluation », *Viandes & Produits Carnés*, p. 1-20 et p. 1-12.

VIALLES Noélie, 1987, *Le sang et la chair : les abattoirs du pays de l'Adour*, Paris, Éditions de la Maison des sciences de l'homme, 127 p.

L'auteur remercie chaleureusement les évaluateurs ainsi que Cécile Bourguet pour leur relecture et remarques constructives.

VARIA

LES PLACETTES DANS LES DACHRAS DU HAUT TELL TUNISIEN
ESPACES TÉMOINS DE L'ÉVOLUTION DE LA MIXITÉ DES USAGES POPULAIRES

The small squares in the dachras of the Tunisian high tell: witness spaces of the evolution of the mixed popular uses

Hamza AYARI
Faculté des Sciences Humaines et Sociales de Tunis
ayari.hamza@yahoo.fr

Résumé : Les placettes des *dachras*, les villages montagneux du Haut Tell tunisien sont des lieux de rencontre, de festivités et d'échange. Leur rôle d'interface entre la société locale et son extérieur évolue avec le processus de modernisation entraînant de nouvelles dynamiques et mutations socio-économiques. Ces placettes connaissent de nos jours une lutte entre la culture populaire qui tente de résister, d'une part, et le courant de modernisme qui envahit les arrière-pays et l'instrumentalisation de l'espace public par les organismes officiels, d'autre part. Ces placettes représentent de nos jours un véritable terrain de lutte entre les éléments d'un héritage culturel qui tire sa richesse de son ancrage dans la stratigraphie des civilisations qui se sont développées dans cet espace et les éléments culturels apportés par les échanges et les dynamiques spatiales de la population d'une part et la « politique progressiste » adoptée par l'État tunisien depuis son indépendance.

Mot-clés : *dachras*, placettes, Haut Tell, patrimoine culturel, expressivité socioculturelle, architecture villageoise, sources

Abstract : *The villages of Maghreb have several distinct components expressing their popular cultures. In this way, the small squares of the mountainous villages known as dachras in the Tunisian High Tell represent places of meetings, festivities and exchanges. Their role of interface between the local society and its outside was influenced by the process of modernism and socioeconomic dynamics and mutations. These small squares know today a struggle between the popular cultures which attempt to resist in one hand to the current of modernization that invades the rear-countries and the employment of the public space by the official organisms on the other hand. These small squares are nowadays a true struggle space between the elements of a cultural heritage which draws its wealth from his anchorage in the stratigraphy of the civilizations passed by this space and cultural elements made by exchanges and spatial dynamics of the population on the one hand and the "progressive policy" adopted by the state since the independence of Tunisia.*

Keywords : *dachras*, small squares, High Tell, cultural heritage, sociocultural expressivity, villages' architecture, sources

INTRODUCTION

La région du Haut Tell au nord-ouest de la Tunisie se caractérise par la dominance des habitats groupés appelés *douars* dans les petites plaines et *dachras* dans les montagnes. Ses derniers sont situés autour des sources karstiques à l'aval desquelles prospèrent des vergers d'arboriculture diversifiée et d'oliviers. Leur topographie accidentée et leurs surfaces exiguës ne leur permettent pas d'être dotés de plans ou de structures géométriquement harmonieuses. Malgré ces contraintes, les *dachras* ont un urbanisme original qui tire sa richesse de la stratigraphie des différentes civilisations qui se sont succédé dans la région du Haut Tell. Ces villages perchés sont constitués de plusieurs quartiers séparés par des rues et des ruelles qui convergent vers une placette centrale. Cette dernière connaît les mêmes activités que le forum durant l'époque romaine, elle sert d'espace de rencontre, de loisir et de festivité. À part le cas des *dachras* désertées, la majorité des placettes gardent encore leur rôle culturel qui a connu plusieurs transformations et mutations jusqu'à nos jours et expriment une dualité entre une culture folklorique ou patrimoniale et une culture influencée par le courant du modernisme adopté par l'État tunisien depuis l'indépendance. Outre les débats culturels sur cette dualité, le volet économique, en particulier la valorisation du patrimoine culturel comme élément d'attrait touristique, a attiré notre attention durant les maintes excursions de terrains que nous avons menés dans le cadre du projet Med-Inn-Local entre 2014 et 2018 qui s'articule autour de la valorisation des spécificités des arrière-pays méditerranéens et les problématiques qui leur sont liées comme l'ancrage territorial, le transfert du savoir, etc. Ces excursions n'étaient pas limitées à un simple passage, elles ont eu lieu en différentes saisons afin de mener des entretiens auprès de différentes catégories de population (résidents, visiteurs, arboriculteurs, retraités… etc.). À ce propos, les placettes des *dachras* du Haut Tell nous paraissent un exemple intéressant pour étudier le patrimoine commun et sa résistance face aux transformations socioculturelles dans le cadre d'un débat culturel qui concerne tous les pays du Maghreb. En Tunisie, le ministère de la Culture se nomme désormais « ministère de la Culture, des Loisirs et de la Conservation du Patrimoine » à la suite de plusieurs décennies d'inadaptation de la culture populaire au courant de modernisme adopté depuis l'indépendance du pays. En plus des entretiens avec des habitants et des représentants des structures locales des *dachras* du massif de Bargou, du mont Serj, Kessra, Djebba, Nebeur et El Kef, nous avons utilisé nos lectures de la littérature maghrébine, arabophone et francophone, des documents cartographiques de différentes missions (cartes topographiques, photographies aériennes et images satellites). On essaye dans ce texte de caractériser dans un premier temps la disposition des placettes et leurs activités afin de souligner leur originalité comme espace commun et central. Dans une seconde partie, nous nous penchons sur les expressions culturelles qui s'y développent, en particulier les usages coutumiers et religieux traditionnels. Enfin, nous analysons l'évolution de leur usage et le rôle de résistance et de conservation, ou d'abri d'éléments de culture populaire du Haut Tell tunisien qu'elles ont joué face au courant de modernisation.

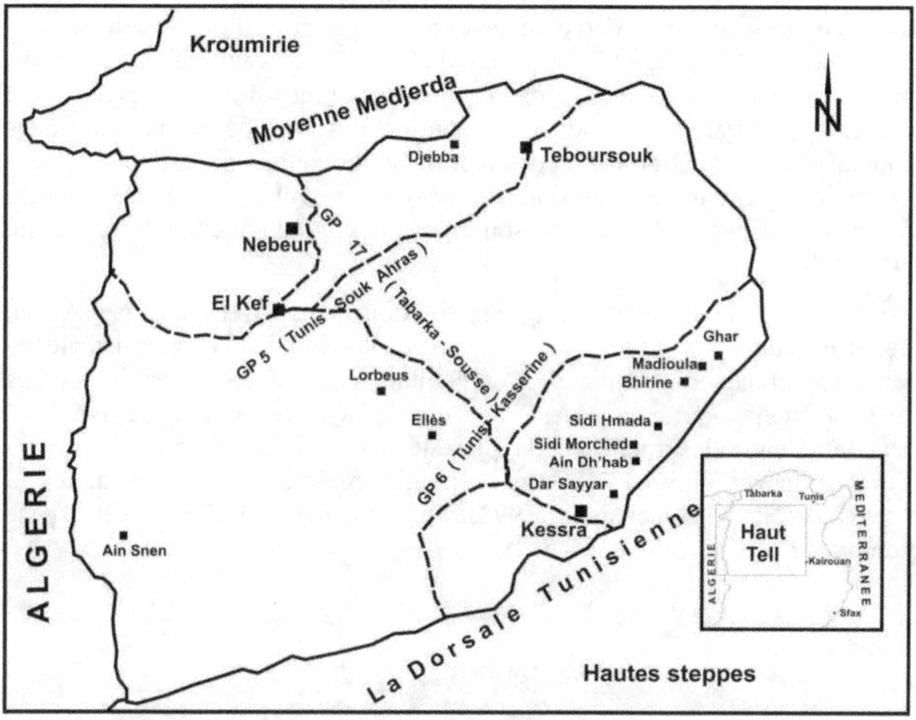

Carte 1 – **Croquis de localisation du Haut Tell tunisien**

En petits carrés les *dachras* enquêtées. Les points en gras représentent les *dachras* que le développement urbain a transformées en villes. Notons que la ville d'El Kef qui compte de nombreux éléments typiques des dachras se caractérise par son urbanisation très ancienne.

LES PLACETTES : UN CONSTITUANT CENTRAL DES DACHRAS

L'originalité des *dachras* et de leurs placettes

La région du Haut Tell, située au nord-ouest de la Tunisie, se caractérise par un habitat rural groupé sous forme de *douars* qui renferment environ une dizaine d'habitats ou de petits villages perchés installés sur des sources karstiques à débits relativement hauts. À partir de ces sources, les eaux coulent dans des aqueducs à ciel ouvert qui les distribuent aux parcelles arboricoles appartenant aux différentes familles du village. Cette distribution se caractérise par un système conventionnel et ancestral de partage équitable de durée d'irrigation (Amami, 1984). Les *dachras* se distinguent des autres villages du Haut Tell tunisien par leurs espaces arboricoles irrigués situés entre les forêts de pins d'Alep qui couvrent les montagnes et les petites plaines céréalières en aval.

Les *dachras* se distinguent aussi par leurs petites maisons construites en pierres et en terre avec des charpentes réalisées avec les troncs d'arbres locaux comme le pin d'Alep et le genévrier recouvertes d'une couche de pisé (Larnaude, 1925 ; Nouschi, 1959 ; Lawless, 1972). Ces villages, peu étudiés, paraissent à première vue ne pas s'organiser autour d'une structure claire (Mochicourt, 1913). Cependant, ne peut-on pas considérer que les modes spontanés d'installation et de construction sont conduits malgré tout par une hiérarchie ou une organisation de l'espace comme le montre Charles Monchicourt par exemple dans son étude monographique sur la région du Haut Tell ?

Dans la majorité des dachras, les constructions sont serrées et organisées en petits quartiers qui rassemblent les ménages selon leur origine tribale ou leurs appartenances familiales. Les habitats sont traversés par des petites rues et ruelles qui convergent vers une placette centrale. Ce point de rencontre entre les ruelles et la placette centrale marque la limite entre l'espace privé, familial et l'espace public comme dans les médinas au Maghreb (Navez-Bouchanine, 1992). Quel est donc le rôle de cet espace commun ?

Photographie 1 – **La placette de la *dachra* de Sidi Hmada au pied du parc national de Jbel Serj sépare les deux parties du village et sert d'espace de rencontre, de festivités et de loisirs.** Crédit photo H. Ayari, mars 2017.

Dachra	Accessibilité actuelle	Statut actuel	Site	Topographie et caractéristiques des placettes
El Kef	Bonne (carrefour des routes GP 5 et GP 17)	Première ville du Haut Tell	Haut versant pentu (extrémité d'une cuvette synclinale perchée)	Espaces plats très restreints
Nebeur	Moyenne (route liée au GP 17)	Ville (l'essentiel de son extension s'est fait hors de la dachra)	Mi-versant pentu	Forme rectangulaire bien définie. Relativement spacieuse
Kessra	Difficile (route liée au GP 17)	Ville (l'essentiel de son extension s'est fait hors de la dachra)	Corniche (extrémité d'une cuvette synclinale perchée)	surfaces très restreintes
Teboursouk	Bonne (GP 5)	Ville	Mi-versant pentu (socle rocheux)	surfaces très restreintes
Djebba	Moyenne (route goudronnée)	Village	Haut versant (Extrémité du synclinal perché du Mont Rihana)	Très petites surfaces dispersées entre les vergers
Ellès	Bonne (tronçon lié au GP 17)	Village	Piémont (cône de déjection)	Surfaces plantées en olivier
Sidi Hmada	Bonne (piste liée à la ville de Siliana)	Village	Piémont (cône de déjection)	Petites surfaces carrées plantées en olivier
Aïn Dh'hab	Très difficile (sentier aménagé pour les randonneurs et les spéléologues)	Village déserté	Haut versant (champs de lapiez)	Petite surface carrée bien définie
Bhirine	Très difficile (chemin montagneux)	Village déserté	Mi-versant (socle rocheux perché en pente douce)	Petites surfaces rectangulaires
Madioula	Très difficile (chemin très pentu vers la source d'Aïn Boussaadia)	Village déserté	Colline perchée très pentue en haut du couloir d'oued Boussaadia	Petites surfaces très restreintes
Dar Sayyar	Très difficile (mauvaise piste)	Douar	Haut versant fortement raviné sous le synclinal perché de Kessra	Petite surface carrée bien définie

Tableau 1 – **Caractéristiques de quelques *dachras* dans le Haut Tell tunisien et de leurs placettes**. H. Ayari, 2019.

Les placettes : espace de convergence et lieu de rencontre

Le manque d'espace sur les sites pentus et rocheux des *dachras* ne permet pas la création de places publiques bien définies dans leur centre, mais plutôt de petites placettes. À part la dachra de Nebeur qui dispose d'une placette relativement spacieuse, la majorité des *dachras* se caractérisent par les petites tailles de leurs espaces centraux, comme c'est le cas à Bhirine où les deux placettes ne dépassent pas les 200 m^2. Dans plusieurs cas, la topographie ne permet pas la création d'une placette comme c'est le cas à Kessra où le rôle de placette est tenu par de petits espaces vides situés le plus souvent devant les principales sources. À Sidi Hmada aussi il y a deux placettes dont l'une est plantée en oliviers sous lesquels se rassemblent les hommes et où jouent les enfants. El Kef qui s'est transformée en ville n'a qu'une seule placette bien définie à savoir la place de Ben Anin connue sous le nom de Place Logerot durant la période coloniale. Teboursouk dispose d'une petite placette avec un contour mal défini qui est en réalité une section large de la route principale séparant la *dachra* de son espace arboricole pentu. La *dachra* d'Aïn Dh'hab (« source d'or » en langue arabe), située sur un champ de *lapièz* sous lequel passe le tunnel de la célèbre grotte karstique du même nom, dispose d'une petite placette en forme rectangulaire bien définie. Celle de Bouabdilla qui est en réalité un *douar* dans lequel les maisons sont groupées autour d'une surface vide dallée de calcaire.

La *dachra* de Djebba fait exception par l'absence de placettes malgré une topographie favorable. Cela s'explique par la dispersion des habitats dans les parcelles arboricoles relativement spacieuses par rapport aux autres *dachras* du Haut Tell[1]. Les habitants des *dachras* se rencontrent autour des sources ou dans les cafés sous l'ombre d'arbres verdoyants. Le rôle de placette à Djebba est confié à l'espace situé devant la facette du rocher qui domine le village sur lequel les Pères blancs de l'abbaye de Saint Joseph de Thibar ont installé une statue de Sainte-Marie[2] durant la période coloniale. De l'autre côté se situent les tombeaux géants de Sabaa Rgoud qui sont honorés par la population locale. Cet espace a été transformé en parc de loisirs fréquenté par la population de la région du Haut Tell et de la Moyenne Medjerda.

Entourées d'habitats ou de petits quartiers selon l'appartenance familiale ou tribale, les placettes reçoivent les rues et les ruelles qui séparent les maisons. Dans certains cas, elles séparent les principaux noyaux constituants du

---

[1] La dachra de Djebba se caractérise par une société civile active qui a pu valoriser les produits de leur terroir, notamment la variété de figuiers Bouhouli qui a obtenu une appellation d'origine contrôlée (AOC). En juin 2020, les jardins de Djebba El Olia sont inscrits dans la liste SIPAM (Systèmes Ingénieux du Patrimoine Agricole Mondial).

[2] Les habitants de Djebba ont gardé cette statue même après le départ des Pères blancs de l'abbaye de Tibar aux années 1970. Ils ont anéanti une tentative de son vol en 1995. Ils nous ont indiqué qu'ils la considèrent comme leur patrimoine.

village comme c'est le cas à Nebeur où la placette sépare la Haute dachra (El Fougania) de la Basse dachra (El Loutania) à la manière de quelques villages des Alpes (Monchicourt, 1913).

Les placettes servent de lieu de rencontre entre les habitants tant au quotidien que lors des différents rassemblements et festivités. Les hommes s'y rassemblent en « *halqa* »[3] sous l'ombre d'un arbre en été, le plus souvent un peuplier ou un orme à côté d'un ruisseau issu de la source comme à Kessra ou un vieil olivier ou chêne vert comme à Sidi Hmada. En hiver, lors des matinées froides, on peut observer les hommes adossés à un mur pour profiter de la température propagée par les rayons du soleil. Dans les plus grandes *dachras* comme Nebeur ou Teboursousk, ils se rassemblent aussi dans les cafés. Dans les *dachras* qui ont une population peu importante ou fortement touchée par l'émigration dans cette région montagneuse dominée par le chômage et le sous-emploi, les cafés rassemblent les hommes à la veille du matin ou le soir. Les lieux de rencontre sont divers. Les vieillards s'y rassemblent autour de jeux populaires comme les dames, le damier étant appelé « *kharbga* » ou les jeux de cartes connus sous le nom de « *chkobba* ». Les sources à leurs tours rassemblent les gens des campagnes environnantes qui s'attroupent autour d'elles pour y charger l'eau sur les mulets ou faire abreuver leurs troupeaux dans les abreuvoirs.

Ces espaces publics qui représentent un passage obligatoire et une interface entre les différents quartiers du village, entre la société locale et les visiteurs, sont-ils vraiment des espaces partagés ? D'abord, ce caractère d'espaces communs masque la réalité de ségrégation de genre comme dans la majorité des sociétés musulmanes où l'espace public est dominé par l'élément masculin ? (Navez-Bouchanine, 1992). On n'aperçoit les femmes sur les placettes que vers la fin du printemps où elles se rassemblent devant les sources pour laver la laine destinée à la confection des tapis et des habits traditionnels des hommes le « *kachabia* » et le « *burnous* » ou durant les festivités des *zardas*[4]. Au quotidien, leurs déplacements sont limités aux épiceries, aux sources ou aux visites de leurs proches. À l'inverse des hommes, les *halqas* des femmes se déroulent dans les cours de leurs maisons et elles ne fréquentent que rarement les espaces ouverts. Ces *halqas* sont liées

[3] Rassemblement de personnes en cercle autour d'un spectacle ou d'un jeu ou juste pour des discussions quotidiennes. La *halqa* s'est développée en art de spectacle dans les villes du Maghreb comme c'est le cas sur la place Halfaouine située dans un faubourg de la Médina de Tunis ou sur la place Jemaa' Lefna à Marrakech.

[4]La *zarda* est une forme de festivité religieuse dédiée à une personnalité religieuse maraboutique. Au Maroc, elle prend le nom de Moussem. Les *zardas* diffèrent par leur rayonnement. Quelques-unes concernent la totalité d'un espace tribal et d'autres sont limitées à une échelle locale. En plus des *hadhras,* les spectateurs assistent aux expositions de cavalerie dont les plus célèbres sont les compétitions connues sous le nom de *tbourida* qui se déroulent lors des moussems marocains.

le plus souvent à des travaux féminins solidaires comme la confection de tapis ou la préparation des grains de couscous, l'*aoula*[5]. Dans les *dachras* à attractivité touristique croissante comme c'est le cas à Kessra où des familles venues d'autres régions visitent le *dachra* et restent devant les sources ou dans les cafés destinés aux visiteurs, la présence des femmes dans les placettes est de plus en plus remarquée. La mixité de l'espace s'est beaucoup plus développée dans les *dachras* qui se sont transformées en villes.

Cette distinction ne se limite pas au genre, mais elle concerne aussi la question générationnelle. En effet, les enfants jouent dans la majorité des cas dans les ruelles. En été, les petites cuvettes qui servent d'abreuvoirs ou de lavoirs de laine se transforment en piscine dans lesquels ils passent les heures de la chaleur torride du sirocco en animant l'ambiance des *dachras* par leur bruit qui brise le silence quotidien. Les jeunes fréquentent davantage les cafés ou ils se regroupent dans des *halqas* près des sources.

Photographie 2 – **Rencontre quotidienne dans l'espace commun à Kessra**
Vente de produits du terroir et échanges palabres sous l'ombre des ormes et des peupliers. La photographie montre un ordre spontané des générations de gauche à droite : les vieillards adossés au tronc de l'arbre, les enfants puis les adultes. Crédit photo H. Ayari, août 2017.

Les placettes servent aussi de lieu d'échange avec les commerçants et les artisans étrangers au village, notamment les commerçants ambulants qui fréquentent les campagnes du Haut Tell que ce soit à dos d'équins ou en camionnettes et les artisans saisonniers tels que les forgerons qui réparent les

[5] Partout au Maghreb, en ville comme aux villages, les femmes préparent durant la saison estivale la réserve alimentaire de la famille en couscous, le plus souvent après la récolte du blé. Malgré l'industrialisation de ces produits par les agroalimentaires, l'ancrage culturel et patrimonial a conservé ce type de traditions.

outils agricoles traditionnels à savoir les faucilles, les charrues et l'outillage métallique diversifié et changent les fers des équins avant le début de la saison de récolte.

Les activités dans les placettes et leurs contours

Le contour des placettes abrite des activités commerciales qui ne se limitent pas aux boutiques d'alimentation générale ou de légumes, mais compte aussi les magasins vendant des produits énergétiques demandés durant la saison hivernale (pétrole, charbon) et des locaux de collecte des produits arboricoles issus du terroir des *dachras* (oliviers, figuiers...) ou de la collecte saisonnière dans les forêts et les campagnes environnantes (*zgougou*[6], câpres...). Les *dachras* les plus peuplées ou celles qui ont un rayonnement sur les campagnes lointaines abritent d'autres services en particulier les bains publics, des bureaux de notaires ou d'écrivains qui rédigent les demandes destinées aux administrations... etc. Elles abritent aussi dans certains cas les *souks*, ces marchés hebdomadaires de plein air où l'on s'approvisionne en différents produits de consommation comme à Nebeur, Teboursouk et Kessra. Les marchés au bétail qui ont occupé une partie de ces *souks* sont le plus souvent séparés de ces derniers même s'ils portent un nom proche de celui donné à la placette dans le dialecte local à savoir la « *rahba* ». Ils ont lieu à un horaire différent. Le marché au bétail commence à l'aube et finit avec les premiers rayons du soleil quand les paysans qui ont vendu leurs bêtes en profitent pour s'approvisionner en produit divers avant de rejoindre leurs foyers.

L'activité religieuse est présente presque partout autour des placettes. Dans plusieurs cas, la *dachra* a une ascendance maraboutique, comptant les tombes de sages qui appartiennent aux différents groupes de ses habitants comme c'est le cas à Nebeur où se situe le marabout de Sidi Atallah célébré par les habitants de la basse *dachra* et de Sidi Abdelwahed lié aux habitants de la haute *dachra*. Certains marabouts remontent à des histoires lointaines comme c'est le cas à Djebba. Ces marabouts sont célébrés lors de cérémonies annuelles connues sous le nom de « *zarda* ». Si les *moussems* marocains sont liés généralement à l'ouverture des parcours collectifs[7] ou à une activité agricole, les *zardas* se caractérisent par leur chronologie indépendante. Ils se déroulent généralement en différentes saisons à part l'hiver.

---

[6] Graines douces du pin d'Alep utilisées dans la préparation d'une tartine appelée « *assidet zgougou* » et consommée durant l'Aïd célébrant la naissance du prophète.

[7] Les coutumes locales au Moyen et Haut Atlas interdisent la fréquentation des parcours durant la saison de régénération de l'herbe. Les *moussems* annoncent l'ouverture des parcours. Des cérémonies festives, les *ahidouss* sont organisées à cette occasion comme c'est le cas au célèbre *agdal* d'Oukaimeden. De nos jours les *moussems* font partie des éléments d'attrait touristique au Maroc.

Certaines *zaouïas* se sont créées grâce à ces marabouts. Ces dernières servent à enseigner le coran aux enfants, de lieu de prière et de cérémonies religieuses, en particulier les *halqas* de « *Dhikr* »[8], une des principales cérémonies du soufisme destinées à honorer Dieu et les prophètes reconnus par l'Islam, et les *zardas* qui attirent la population des montagnes et des petites plaines environnantes comme c'est le cas de la *zaouïa* de Sidi Amor Ben Moussa à Bhirine et de la *zaouïa* de Sidi Hmada au nord du parc national de Jbel Serj. Elles ont aussi un rôle hospitalier de gîte d'étape pour les voyageurs et les passagers qui traversent la région. Autour de certaines placettes, on trouve des mosquées même dans les *dachras* de taille peu importantes comme Sidi Hmada ou Madioula. La placette de Nebeur fait exception par son histoire car elle était à l'origine un cimetière qui séparait les deux parties rivales de la *dachra*.

L'EXPRESSIVITÉ SOCIOCULTURELLE DES PLACETTES DANS LES DACHRAS

La placette : un continuum de fonctions à travers les différentes civilisations

La majorité des placettes dans les *dachras* sont entourées de quelques vestiges d'anciennes cités romaines. Plusieurs de ces villages sont édifiés sur les sites de ces dernières comme Kessra (Chisura), El Kef (Cirta Nova puis Sicca Veneria), Ellès (Lares), Djebba (Thijibba Bure), Teboursouk (Tubursucu Bure)… D'autres comme Lorbeus, renferment aussi différents vestiges de la période byzantine. Dans tous ces sites, on observe une continuité entre l'histoire ancienne et contemporaine, tant dans les formes de bâti et d'urbanisme que dans l'usage et les fonctions de l'espace. Les placettes calquent le forum romain par leurs formes typiques rectangulaires et ont gardé leurs fonctions multiples. En effet, elles ont préservé les activités commerciales dans leurs contours et les constructions religieuses, les marabouts ont été édifiés sur des ruines romaines. Les festivités qui se déroulent dans l'espace des placettes, ainsi que les jeux qui leur sont associés, représentent un aspect original de cette similitude. Le partage de cet espace est un point commun qui les diffère du reste de l'espace des *dachras*.

Depuis l'époque romaine, l'espace central de ces villages était une interface entre la société locale et l'autorité politique. Le rôle politique du forum romain qui se manifestait à travers les élections du *minicipes* (municipalité) est réapparu en d'autres périodes, notamment aux siècles d'occupation otto-

[8] Le *Dhikr* diffère au Maghreb de celui pratiqué par les courants soufis au Machreq où il est le plus souvent limité à la célébration du nom Dieu d'une manière répétitive. Au Maghreb, il sert à des chants rythmés qui narrent les histoires miraculeuses des prophètes reconnus par l'Islam.

mane durant lesquels les troupes des *« mhallas »* qui collectaient les impôts imposent leur férocité devant le public appauvri. Récemment, et depuis l'indépendance de la Tunisie, les placettes ont joué un rôle important dans l'encadrement de la société par les cellules de base du parti unique. On y organise par exemple les meetings de l'autorité régionale ou centrale. Pour achever ce rôle de propagande politique, des locaux du parti unique situés autour des places ont abrité diverses activités culturelles telles que la projection de films avant la généralisation des téléviseurs.

Les activités culturelles et coutumières des placettes

La disposition centrale des placettes dans les *dachras*, leur rayonnement sur leurs alentours ruraux ainsi que leur situation spatiale de point de rencontre entre différentes catégories professionnelles et sociales (fellahs, bergers, arboriculteurs et parfois transhumants…) venant de plus de différentes provenances (plaines, montagnes, tentes des transhumants...) leur octroya un rôle important dans la structuration des liens de solidarité au sein de la société montagnarde du Haut Tell tunisien. Quels sont les aspects de ce rôle ?

Les placettes ont accueilli une multitude d'activités culturelles à caractère folkloriques qui indiquent un ancrage culturel des coutumes. On cite essentiellement les *zardas* organisées à l'honneur des personnalités religieuses des *dachras* auxquelles sont édifiés des marabouts. Le rayonnement de ces derniers, qui se distinguent par leur architecture avec un dôme unique surmonté d'un croissant et parfois avec une étoile au sommet s'étend au-delà de la zone montagneuse aux plaines et aux villages voisins. Les *zarda* qui ressemblent aux *moussems* des montagnes marocaines sont des cérémonies annuelles qui déroulent dans différentes dates durant toutes les saisons à part l'hiver. À l'inverse des *moussems* des montagnes marocaines, les *zardas* ne sont pas liées à la saison de récolte ou d'ouverture des parcours. Durant cette fête qui s'étale sur deux jours, les fidèles font la *« ziara »*[9] et assistent ensuite aux cérémonies de *hadhra*[10] organisées par des fidèles de la *tariqa* du soufisme adopté au niveau local avec la participation des personnes originaires d'autres villages ou campagnes lointaines. Le lendemain, les femmes de la *dachra* préparent le couscous pour tous les visiteurs en montrant leur hospitalité et leur générosité au nom de la personnalité maraboutique. La *zarda* est aussi une occasion de tolérance et de rencontre entre les visiteurs. Durant ces cérémonies, les visiteurs se reposent un peu de la corvée quotidienne d'élevage et des travaux agricoles pénibles. La participation de

[9] Visite du tombeau de la personnalité religieuse.

[10] La *hadhra* est une cérémonie spirituelle organisée par un groupe de soufis. Le modèle le plus célèbre est celui des *Darwich* turcs, mais les courants ou « *tariqas* » les plus dominants au Maghreb sont la *Kadiryya* fondée en Iraq par Abdul Kadir al Jilani (1078-1166) et la *Chadilyya* fondée par Abu al Hassan Ali aschSchadili (1196-1258) au Maghreb.

ces derniers et la visite des gens d'autres *dachras* témoignent du rôle des placettes dans l'ouverture de la population des *dachras* sur l'extérieur. Durant les jours de la *zarda*, ces villages montagneux fortement touchés par l'émigration reprennent leur vitalité notamment par la participation de leurs émigrés aux cérémonies, attirés par une nostalgie du « *bled* »[11]. Dans les *dachras* du massif de Bargou, les hommes chassent au fusil un bœuf parmi le cheptel collectif en parcours libre qui appartient à toute la population locale. Ils font la même chose dans les fêtes de mariages[12]. Cette pratique est conservée même après le déplacement de la totalité des habitants vers le fond d'oued Boussaadia. Les cérémonies des *zardas* elles aussi ont été conservées jusqu'à nos jours.

Dans les *dachras* de petite taille où la population garde des relations familiales étroites, les placettes accueillent même ce type de fêtes. À Bhirine qui dispose de deux placettes parmi les plus belles qu'on ait pu observer en Tunisie, celle qui sépare les deux quartiers du village, accueille les fêtes de mariage qui s'organisent en forme de *halqa* ou de pièces de théâtre. Dans ces fêtes, les femmes observent le spectacle, séparées des hommes et des jeunes de manière à garder la séparation traditionnelle hommes-femmes sans les exclure de la festivité. Leur participation aux chants et aux danses populaires est limitée à la cour de la maison de la famille de la mariée.

Cette *dachra*, a été désertée vers l'an 2000 à la suite du déplacement de la population montagnarde vers le fond d'Oued Boussadia pour rejoindre les services élémentaires installés sur la route qui le relie aux villes administratives proches (Ayari, 2018). Malgré l'abandon, la première placette située sur la partie frontale du socle rocheux sur lequel est installé le village, garde encore les traces des jeux qui témoignent de l'ambiance animée du passé : deux planchers de *kharbga* sont gravés sur le socle pentu. L'une est destinée aux vieillards et l'autre aux jeunes, ce qui témoigne davantage de l'ancrage du respect des aînés par les jeunes dans les sociétés arabo-musulmanes que d'une rupture intergénérationnelle. Sur le même socle, les enfants ont créé un entonnoir à force de jouer à glisser assis sur un bout de bidon en plastique dans ces contrées longtemps pauvres et marginalisées (Belhadi, 1998).

---

[11] Terre natale dans le dialecte local au Maghreb.

[12] Le massif de Bargou conserve un cheptel bovin collectif de race berbère en liberté. Aucun n'a le droit de le vendre, mais durant les cérémonies des festivités telles que les mariages et les *zardas*, les hommes chassent un veau ou un bœuf.

Photographie 3 – **Situé dans un site difficile d'accès, le village déserté de Bhirine, représente un véritable musée du passé culturel des *dachras***

De gauche à droite : la *zaouia* et le marabout de Sidi Amor Ben Moussa sont les deux constructions qui se sont relativement entretenues. Au centre, l'entonnoir de la glissade polie par la longue histoire des jeux répétitifs des enfants. À droite, les traces du jeu de damier populaire. Crédit photo H. Ayari, juin 2014.

L'ancrage social de la culture populaire a participé à la résistance relative des placettes face au processus de modernisation impliquée par la politique bourguibienne (Timoumi, 1998) qui a touché plusieurs éléments du patrimoine culturel et matériel. Dans plusieurs *dachras*, les placettes ont accueilli les festivals programmés par les organismes officiels du ministère de la Culture et de la Conservation du Patrimoine ou celles organisées par le parti unique avant la révolution de 2011. Ce type de festivals programmés représente une forme d'intervention du pouvoir dans la société locale en imposant ses règles d'organisation et d'instrumentalisation de la culture populaire dans l'encadrement de la société locale. À ce propos, la cérémonie d'ouverture de la *zarda* ou du festival est confiée à une personnalité politique et non pas à une personnalité religieuse telle que le cheikh de la *zaouïa* ou le chef de la *hadhra* comme c'était le cas auparavant.

Dans un contexte d'économie fermée et peu ouverte sur l'extérieur, les placettes étaient dans le passé un lieu de plusieurs formes de solidarités liées à l'ancrage de la culture religieuse, en particulier le partage équitable de la viande d'une tête de bétail en quotas connus sous le nom de « *hesba* » ou « *gassamia* » entre les participants. Dans les cas de l'incapacité d'un pauvre à fournir la somme nécessaire à une affaire urgente comme les frais d'une opération chirurgicale, un bénévole s'occupait de la collecte de l'argent, mais de nos jours ce type d'action doit passer par l'autorisation des autorités locales.

Malgré leur résistance, les activités culturelles patrimoniales montrent actuellement une certaine fragilité. En effet, plusieurs *zardas* ont connu un changement de leurs dates ou même une annulation plusieurs années successives à cause de l'absence ou de la dispersion des personnes qui assistent à leur organisation. Plusieurs aspects de solidarité ont disparu comme c'est le cas des *hesbas*. D'autres éléments de cette culture ont connu une certaine hybridation par l'introduction de certains aspects de modernisation comme c'est le cas pour les festivités de mariage et de circoncision.

L'expressivité religieuse des placettes

L'emplacement des édifices religieux autour des placettes dans la majorité des *dachras* à savoir les mosquées ou les marabouts comme c'est le cas pour le marabout de Sidi Hmada et Sidi Morched qui ont donné leurs noms aux villages où ils sont installés, témoignent de l'importance de la religion dans la culture traditionnelle des *dachras*. Cette importance est liée à tout un héritage culturel du soufisme qui a longtemps prospéré dans tout le Maghreb (Atallah, 2005). Ces marabouts et *zaouïas* ont attiré les fidèles depuis les campagnes environnantes ou même de villages lointains comme c'est le cas pour Sidi Hmada.

L'ancrage de cette culture attire annuellement les émigrés installés dans les villes des régions économiquement favorisées de la Tunisie littorale. Ces derniers rentrent chez leurs proches encore installés aux villages où ils s'installent dans leurs « *haouchs* »[13], notamment au cours de la fête du *zarda*. Ils rendent visite à leurs saints hommes enterrés dans les marabouts pour la demande de leur « *baraka* », selon les coutumes comme dans tous les pays du Maghreb, durant les mariages et les fêtes de circoncision. Ils allument des bougies autour du tombeau de la personnalité maraboutique et abattent une tête de bétail, le plus souvent un mouton ou un bœuf, devant le marabout.

---

[13] Le *haouch* dans le dialecte maghrébin est la maison familiale collective avec une cour intérieure relativement spacieuse. Son statut foncier est compliqué à cause du grand nombre d'héritiers et le refus de vendre de beaucoup d'entre eux.

LA DYNAMIQUE SPATIALE ET CULTURELLE DES PLACETTES

La longue histoire des *dachras* les a dotées d'une richesse culturelle exceptionnelle qui englobe les influences de plusieurs civilisations, en particulier les civilisations berbères et arabes. Cependant la culture des *dachras* ainsi que les activités de leurs placettes résistent-elles aux différentes transformations récentes et au désir de modernisation ?

Les transformations dans l'espace des placettes

Écartés en grande partie des influences de la colonisation qui était limitée aux communes minières (Djerissa, Kalaat Djerda) et aux villages situés sur les chemins de fer (Gaafour, Dahmani, Sers)[14], les *dachras* du Haut Tell connaissent aujourd'hui une urbanisation croissante comme dans plusieurs régions au Maghreb (Belguidoum, Cattedra et Iraki, 2015)[15]. Ce phénomène a concerné les placettes des *dachras* faciles d'accès. C'est le cas de la place Ben Anin à El Kef sur laquelle un immeuble de services a été construit. À Teboursouk, les lieux qui faisaient fonction de la placette ont aussi été envahis par l'extension des petites activités commerciales et d'autres services. D'autres placettes ont perdu leur rôle culturel comme en Algérie dans le cas des fameuses placettes de Lions à Souk Ahras et d'Aïn El Fouara à Sétif[16] qui ne servent plus que de lieu de rencontre ou de simple promenade. Les *dachras* qui ne peuvent s'étendre, à cause de leur topographie accidentée, ont gardé leurs placettes et le développement urbain a été relégué en aval avec la création d'un nouveau village qui accueille les services administratifs et l'essentiel de l'extension urbaine comme c'est le cas à Nebeur et Kessra où se sont créés les nouveaux groupements de la Nouvelle Nebeur et la Nouvelle Kessra vers le début des années 1980 (Mhidhi, 1998). Le pourtour des sources a connu la construction de quelques cafés et de piscines ou abreuvoirs destinés au bétail et au lavage de laine. Les *dachras* installés dans des sites à mauvaise accessibilité ont été complètement déserté. C'est le cas pour ceux

[14] En prenant comme référence les villages européens construits en majorité sur un tracé linéaire à côté de la route ou du chemin de fer (Gaafour, Dahmani) ou au sein des centres miniers du Haut Tell (Kalaat Djerda, Djerissa) et équipés de quelques services comme les bars, les cafés et même les cinémas, les Tunisiens ont inventé le mot « *filej* » qui désigne un beau boulevard de promenade avec des arbres alignés.

[15] À ce propos, plusieurs villages montagneux en Kabylie montrent un ancrage de la culture traditionnelle malgré l'urbanisation croissante, comme c'est le cas de Tizi Hibel, village natal de Mouloud Feraoun bien décrit dans son œuvre *Le fils du pauvre* et Larbaa Nat Irathen dans lequel se déroule le roman *La colline oubliée* de Mouloud Maamri. La littérature francophone algérienne a bien décrit le quotidien et la culture populaire de ces villages.

[16] Plusieurs villes algériennes se caractérisent par de belles petites placettes créées durant la période coloniale. Cette situation s'explique par la taille réduite des villes à la veille de la colonisation. Ces placettes se caractérisent par leurs statues impressionnantes, notamment celle d'Aïn El Fouara à Sétif qui a fait l'objet polémique ces deux dernières années suite à une tentative de destruction par un radicaliste, à cause de la nudité refusée par la société locale.

du versant sud du massif de Bargou à savoir El Ghar, Madioula et Bhirine. La même situation a caractérisé la *dachra* d'Aïn Dh'hab, installé sur la grotte karstique la plus célèbre de Tunisie et désertée depuis les années 1970.

Les transformations des activités des placettes entre l'ancrage patrimonial et le processus de modernisation

La Tunisie a connu des transformations socio-économiques profondes qui ont touché l'espace public du fait de l'adoption d'une politique progressiste à la veille de l'indépendance (Timoumi, 1998). Quels sont leurs effets sur la fonction d'espace commun des placettes ?

Comme nous l'avons déjà signalé plus haut, les placettes sont un lieu de contact entre l'autorité et la population locale. Elles servent le plus souvent de lieu de propagande politique. À Nebeur, une construction fut édifiée dans les années 1960 à côté de la placette pour héberger un club géré par la cellule du parti unique est destiné aux assemblées politiques, à la diffusion de films et d'émissions sur un téléviseur en noir et blanc. Ces activités se sont déplacées vers les nouveaux groupements dotés de noyaux administratifs et situés en aval comme c'est le cas à Kessra. La nouvelle Nebeur a connu la création d'une maison de la culture et d'une maison des jeunes qui ont participé à transformer progressivement les activités culturelles de leur caractère folklorique spontané et ouvert sur l'espace public vers un caractère orienté et plus enfermé.

De même, les placettes ont connu des mutations importantes dans leurs activités qui sont limitées de nos jours au football pour les enfants. Les jeux comme les jeux de cartes se sont en majorité déplacés vers l'espace fermé à savoir les cafés. Ces derniers, de nos jours connectés à internet et abonnés à des chaînes de télévision diffusant en continu des matchs de football, ont attiré le public masculin qui s'intéresse plus de nos jours aux compétitions internationales, le plus souvent des ligues européennes et peu attiré par la ligue nationale diffusée au passé sur transistor ou téléviseur en noir et blanc. D'autres jeux sont en train de disparaître à la suite de ce transfert des activités culturelles vers l'espace commercial comme c'est le cas pour les jeux de damiers populaires.

Les marchés des placettes sont à leur tour un terrain de concurrence entre les produits traditionnels et artisanaux d'une part et les produits industriels introduits depuis la colonisation et qui sont de plus en plus présents. Les produits artisanaux résistent mal du fait de la mondialisation accentuée depuis les années 1990 et l'invasion des produits d'imitation fournis par le marché informel. Plusieurs produits locaux qui étaient bien commercialisés dans les marchés hebdomadaires des placettes (les *souks*) ont disparu devant les produits industriels comme c'est le cas de la laine ovine qui n'est plus commercialisée de nos jours. Le figuier, principal produit des *dachras*, est de nos jours destiné essentiellement au marché national. À Kessra, on observe quotidiennement durant la saison de sa récolte, les paysans amenant leurs produits aux commerçants intermédiaires qui vont les acheminer jusqu'aux grossistes dans les grandes villes. L'arboriculture traditionnelle avec son savoir-faire ancestral est fortement touchée par les implications dictées par les marchés. Dix-huit variétés locales de figuiers ont été abandonnées ou limitées aux vergers traditionnels en faveur de la variété Zidi qui domine les nouvelles plantations.

Les festivités et les cérémonies sont à leurs tours transformées et perdent leur caractère public pour un format plus encadré que ce soit par les particuliers ou par les organismes officiels appartenant au ministère de culture. Les cérémonies de mariage ne sont plus publiques de nos jours. Elles sont organisées dans les cours des maisons ou dans des salles de fêtes privées.

Les transformations culturelles des placettes et le retrait du coutumier en faveur du modernisme

L'espace des placettes représente un terrain de lutte entre la culture traditionnelle et la culture moderne à différents niveaux (Lazhar, 2013). C'est le résultat d'un long processus de modernisation qui a commencé par le mouvement de scolarisation dans les écoles primaires aux dépens des *zaouïas* et de l'enseignement traditionnel du Coran dans les marabouts ouverts sur les placettes. Cela a supposé l'abandon progressif de ce type d'enseignement qui ne dépasse pas l'étape préscolaire de nos jours. Les résultats sont visibles dans les placettes où les jeux traditionnels des enfants ont disparu définitivement en faveur du football et des jeux électroniques exercés dans les petites salles de jeux, les *publinets* ou par les smartphones. L'influence des médias sur l'ouverture de la société locale se manifeste par les habits des jeunes ou la récupération des slogans des grandes équipes adversaires de la capitale et par la diffusion de nouveaux genres musicaux comme le rai algérien et le rap aux dépens des genres locaux.

Les impacts culturels de l'économie marchande sont aussi visibles dans le petit commerce qui a substitué plusieurs produits patrimoniaux par de nouveaux produits de marché comme c'est le cas pour le pain cuit au four traditionnel substitué par celui des boulangeries et les pâtes emballées qui remplacent le couscous de l'*aoula*. Les cafés ont substitué à leur tour les boissons les plus populaires à savoir le thé rouge et le café « *filter* » par les cafés italiens « *cappuccino* » et « *espresso* » servis pour un public constitué de plusieurs catégories culturellement diversifiées. L'apparition d'une nouvelle catégorie à savoir les diplômés-chômeurs a animé les discussions et elle a changé le contenu culturel des placettes d'une littérature fossile, fondée autour d'un héritage oral constitué des contes mythiques et de la poésie populaire qui jouent un rôle prépondérant dans le quotidien des villageois au Maghreb (Heller-Goldenberg, 1989), vers un contenu plus rationnel inspiré de leurs cultures et leurs formations universitaires (Boukous, 1987). Ces derniers représentent les principaux acteurs de la société civile peu active dans les *dachras* et les principaux déterminants de l'opinion publique locale, notamment depuis la révolution de 2011. Le contenu du patrimoine oral est substitué par de nouveaux thèmes de discussions quotidiennes à savoir les actualités sportives et politiques. Ce phénomène concerne tous les pays du Maghreb où les contes populaires sont limités à quelques places animées par des professionnels de l'art de la *halqa* sur le modèle de la place Jamaa' El Fna à Marrakech[17] et de quelques souks dans le Moyen Atlas.

Photographie 4 – **Située dans un site escarpé, la *dachra* de Kessra se dispose de plusieurs petites surfaces qui jouent le rôle de placettes**

La plus célèbre est celle située devant la source d'Aïn Soltan destinée par les visiteurs et les locaux. En haut à droite, les enfants brisent le silence quotidien de la *dachra*. Dans la dernière photo, en haut de la fissure depuis laquelle coule la source, les jeunes ont inscrit des slogans sportifs « zone ultras ». Crédit photo H. Ayari, juin 2014 et mars 2018.

[17] Notre discussion avec l'écrivain amateur marrakchi Younes Bariaz sur son article de presse dans lequel il analyse la sociologie de la place Jamaa' El Fna et nuance sa prospérité culturelle apparente en soulignant les douleurs cachées des acteurs populaires, nous a démontré le caractère professionnel de ces derniers qui appartiennent aux catégories sociales pauvres et qui pratiquent ces activités à la recherche d'un revenu. L'exemple du célèbre artiste du Moyen Atlas Lahoussin Azazi qui était narrateur, comédien et chanteur confirme cette réalité sociale.

Les cérémonies se sont à leurs tours inspirées de la modernité. En effet, les *zardas* ont disparu ou se sont vidés de leurs dimensions spirituelles à savoir les *hadhras* du soufisme. Les festivals sont davantage reconnus que les *zardas* comme c'est le cas du festival dédié à la plus célèbre chanteuse tunisienne Saliha à Nebeur ou du festival du figuier à Kessra. Les cérémonies de mariages connues sous le nom de « *mahfels* » sont remplacées par des cortèges en automobiles. Le patrimoine immatériel constitué des chants et des danses est conservé, mais les groupes musicaux sont professionnalisés et reconnus par le ministère de la Culture qui leur donne des attestations de professionnalisme artistique. Ces dernières formules leur permettent de signer des contrats d'organisation de fêtes privées, de cérémonies de mariages ou de festivals. Ce professionnalisme les a distanciés du public qui s'est limité au rôle de spectateur à l'inverse de son rôle d'acteur qu'il avait auparavant dans le cadre communautaire des festivités. Certains instruments ont été abandonnés, comme la *gasba*[18] remplacée par le *mezwed*[19]. Les groupes musicaux travaillent de moins en moins face à la concurrence des DJs moins couteux qui utilisent un matériel sonore sans jouer ni chanter. La ville d'El Kef, pôle des arts populaires en Tunisie et ville natale des plus célèbres acteurs tunisiens en théâtre et en cinéma, organise de nos jours des festivals internationaux comme Cicca Jazz sans abandonner son patrimoine culturel. À ce propos, les chants traditionnels et les différents arts patrimoniaux représentent l'essentiel des productions qu'il diffuse radio El Kef à un large public.

CONCLUSION

Les placettes, espace central des villages perchés du Haut Tell tunisien, sont des formes ancestrales d'espace communautaire au Maghreb. Leur expressivité socioculturelle dépasse la stratigraphie des civilisations connues dans le monde maghrébin façonnée par l'histoire (Laroui, 1976) aux mutations contemporaines et actuelles influencées par la mondialisation. Leur rôle d'interface culturel entre la société locale et l'extérieur représenté par le pouvoir central se confirme de nos jours à travers une lutte entre l'ancestral d'une part et le moderne d'autre part. L'encadrement des formes de festivités locales par les organismes officiels et le professionnalisme relatif a aspiré la culture locale et l'a instrumentalisée en la vidant de son caractère participatif. Les placettes comme espace commun ont perdu aussi une part importante de leur originalité culturelle ancrée dans leurs activités économiques sous l'effet de l'ouverture de la société sur les médias et du pays sur

[18] Instrument musical extrait de la tige de roseau. Il représente le principal instrument musical bédouin au Maghreb.

[19] Une sorte de cornemuse fabriquée à partir de peau de chèvre typique du Maghreb oriental.

l'extérieur. Les mutations et les transformations contemporaines ont abouti à trois situations distinctes à savoir :

- Des *dachras* désertées sous l'effet de leur isolement topographique et dont les placettes ont conservé des éléments qui leur permettent d'être classées patrimoine culturel comme c'est le cas des *dachras* du massif de Bargou.
- Des *dachras* qui ont conservé leurs populations et leurs placettes sans possibilité d'extension et par conséquent ont connu un transfert de leurs services administratifs vers des communes situées à l'aval, ce qui a permis à leurs placettes de conserver relativement ces fonctions culturelles comme c'est le cas pour Nebeur et Kessra.
- Des *dachras* aisément accessibles qui se sont transformées en véritables villes et ont perdu la majorité des activités culturelles populaires de leurs placettes devant l'invasion des activités commerciales ainsi qu'une aspiration de leur folklore par les organismes publics.

Généralement, on a constaté des impressions diversifiées sur les transformations des placettes comme espace commun et des éléments de culture populaire qui leur sont liées entre une nouvelle génération ouverte et motivée par la modernisation et les générations plus âgées fortement attachée et nostalgique des paysages culturels des *dachras*.

BIBLIOGRAPHIE

AMAMI Slahedine, 1984, *Les aménagements hydrauliques traditionnels de Tunisie*, Tunis, Centre de Recherche du Génie rural.

ATALLAH Mokhtar, 2005, « Le soufisme maghrébin entre l'authenticité et la perversion des rites », *Revue Annales du patrimoine*, n° 3.

ATTIA Habib, 1986, « Problématique du développement du Nord Ouest tunisien », *Revue de l'Occident Musulman et de la Méditerranée*, n° 12 Désert et montagne au Maghreb, p. 41-42, Edisud.

AYARI Hamza, 2017, « Originalité et dynamique des villages montagneux dans le Haut Tell tunisien : étude du cas des dachras », *Les Carnets du LabEx Item : innovation et territoires de montagne*. http://labexitem.hypotheses.org/655

AYARI Hamza, 2016, *Développement rural et dynamique de la végétation dans le Haut Tell Friguien Occidental*, thèse en géographie, Faculté des Sciences Humaines et Sociales de Tunis.

BELGUIDOUM Saïd, CATTEDRA Raffaele, IRAKI Aziz (dir.), 2015, « Villes et urbanités au Maghreb », *L'Année du Maghreb*, n° 12.

BELHADI Amor, 1998, « Les niveaux de développement socio-économique régional en Tunisie », in *Développement rural, régional et local*, Tunis, Faculté des Sciences Humaines et Sociales de Tunis.

BEN MILOUD Essia, 1998, *L'homme et la dynamique de la végétation dans le secteur de Drija (Jebel Bargou)*, mémoire de DEA en biogéographie, Département de géographie, Faculté des Sciences Humaines et Sociales de Tunis.

BENCHENANE Mustapha, 2007, « Les transformations socio-culturelles au Maghreb et leurs impacts en France », *Confluences méditerranéennes*, n° 63.

BERNARD Augustin, 1914, « La région du Haut Tell tunisien », *Annales de Géographie*, t. 23, n° 128, p. 172-175.

BOUKOUS Ahmed, 1987, « Identité et mutations culturelles au Maroc », *Revue des mondes musulmans et de la Méditerranée*, n° 44.

DE PLANHOL Xavier, 1962, « Caractères généraux de la vie montagnarde dans le Proche-Orient et dans l'Afrique du Nord », *Annales de Géographie*, t. 71, n° 384, p. 113-130.

DRIS Nassima, 2016, « Introduction. Repenser l'espace public à l'aune des transformations sociales contemporaines », *Les Cahiers d'EMAM*, n° 28.

FREMOND Armand, 1969, « Dans la région du Djebel Serdj (Dorsale Tunisienne) », *Méditerranée*, n° 10-1, p. 3-46.

HELLER-GOLDENBERG Lucette, 1989, « La culture populaire », *Cahiers de la Méditerranée*, n° 38.

LARNAUDE Marcel, 1925, « L'habitation rurale des indigènes en Tunisie », *Annales de Géographie*, t. 34, n° 192, p. 560-563.

LAROUI Abdallah, 1976, *L'histoire du Maghreb*, Paris, Petite collection Maspero.

LAWLESS Richard, 1972, « L'évolution du peuplement, de l'habitat et des paysages agraires du Maghreb », *Annales de Géographie*, t. 81, n° 446, p. 451-464.

LAZHAR Mohamed, 2013, « Le Maghreb urbain : Paysage culturel entre la tradition et la modernité », *Eurostudia*, vol 8, n° 1-2.

MAURER Gérard, 1992, « Montagnes et montagnards au Maghreb », *Les Cahiers d'Urbama*, n° 7, p. 36-61.

MHIDHI Noureddine, 1998, « Les nouvelles communes des montagnes du Nord Ouest et le développement local : le cas de Nebber, Menzel Salem et Bni Mtir », in Amor Belhadi, *Quelques aspects du développement régional et local en Tunisie*", Tunis, Faculté des Sciences Humaines et Sociales de Tunis.

MIOSSEC Jean-Marie, 1985, « Urbanisation des campagnes et ruralisation des villes en Tunisie », *Annales de Géographie*, n° 521.

MONCHICOURT Charles, 1913, *La région du Haut Tell en Tunisie : essai de monographie géographique*, Paris, Librairie Armand Colin.

NAVEZ-BOUCHANINE Françoise, 1992, « Les espaces publics des villes marocaines », *Les Annales de Recherche Urbaine*, n° 57-58. p. 185-190.

NOUSCHI André, 1959, « Notes sur la vie traditionnelle des populations forestières algériennes », *Annales de Géographie*, t. 68, n° 370, p. 525-535.

SEBASTIANI Chiara, TURKI Sami Yassine, 2016, « Espace(s) public(s) en Tunisie. De l'évolution des politiques aux mutations des pratiques », *Les Cahiers d'EMAM*, n° 28.

TIMOUMI Hedi, 1999, *Le colonialisme impérialiste et les formations sociales précapitalistes : les ouvriers Khammasset dans les campagnes tunisiennes (1861-1943)*, Tunis, Publications de la Faculté des Sciences Humaines et Sociales de Tunis. (En arabe).

L'auteur remercie chaleureusement Emmanuelle Hellio, sociologue à Labex Med, pour la relecture de ce texte.

MATÉRIALITÉ DE L'ESPACE URBAIN ET ÉGALITÉ DES SEXES
MESURES ET ENJEUX DE L'ODONYMIE BRUXELLOISE

Urban space materiality and gender equality:
measurement and challenges of Brussels' street names

Nouria OUALI
Université Libre de Bruxelles
Centre de recherche METICES
nouali@ulb.ac.be

Pierre LANNOY
Université Libre de Bruxelles
Centre de recherche METICES
pilannoy@ulb.ac.be

Résumé : L'article propose un examen genré de l'odonymie de Bruxelles, capitale de l'Europe, et une analyse des contraintes et enjeux qui caractérisent les diverses entreprises de visibilisation des femmes dans la matérialité de l'espace urbain bruxellois. Après un relevé systématique des noms de rues et des caractéristiques des figures féminines mises en valeur qui révèle un déséquilibre abyssal entre les noms féminins et masculins des rues de Bruxelles, l'article analyse les pratiques et les stratégies d'élu·e·s à l'échelle politique locale pour féminiser les noms de rue et rendre justice à la mémoire des femmes. Il dévoile, d'une part, les contraintes liées à la législation et à la morphologie urbaine pour accroître le nombre de noms féminins et, d'autre part, l'action des élu.e.s et l'influence des organisations féministes qui luttent contre l'invisibilité des groupes sociaux dominés dans l'espace urbain.

Mot-clés : odonymie urbaine, matérialité, spatialité, mémoire collective, rapports de domination, communes, élu.e.s, organisations féministes, stratégies politiques, Bruxelles

Abstract : *The article presents a gendered survey of street names in the capital of Europe, Brussels, and depicts the constraints and challenges to make women more visible in the city. After the comprehensive counting of street names and the study of women's figures honored which reveals an abyssal imbalance between women and men's names of Brussels' streets, the article examines the practices and strategies of municipal representatives to feminize street names and to do justice to the memory of women. The paper reveals, on the one hand, regulations and urban morphology constraints existing to increase the number of female names. On the other hand, it shows the policy of municipal representatives and the political role played by feminist organizations in the fight against invisibility of minority groups in urban areas.*

Keywords : *street names, materiality, spatiality, collective memory, power relationships, municipalities, municipal representatives, feminist organizations, political strategy, Brussels*

INTRODUCTION

S'il y a un domaine emblématique des silences de l'histoire sur les femmes (Perrot, 1998), c'est bien la toponymie des espaces urbains. En dépit de la sortie des femmes de ce silence, avertit Michelle Perrot, d'énormes carences mémorielles demeurent :

> « En ce qui concerne le passé, [il subsiste] un océan de silence, lié au partage inégal des traces, de la mémoire et, plus encore, de l'Histoire, ce récit qui, si longtemps, a « oublié » les femmes, comme si, vouées à l'obscurité de la reproduction, inénarrable, elles étaient hors du temps, du moins hors événement. » (Perrot, 1998, p. I)

Ce constat implacable s'illustre de manière saisissante dans l'odonymie des villes, c'est-à-dire dans l'ensemble des noms qui y désignent une voie de communication tels une rue, une place, un chemin, etc. La dénomination des voiries est une pratique qui s'est formalisée puis imposée aux pouvoirs locaux à partir du XVIIe siècle (Badariotti, 2002) pour orienter et structurer l'espace urbain, mais aussi pour entretenir la mémoire et valoriser les personnes que les édiles communaux jugeaient dignes d'un hommage public (Bourillon, 2012). L'octroi aux voiries d'un nom propre (qui constitue l'une des modalités possibles de leur identification, à côté notamment de l'attribution d'un nom commun ou d'un numéro) est donc loin de constituer un acte banal et neutre : cette inscription dans la mémoire collective est à la fois éminemment politique, genrée et socialement située, et se révèle, notamment, à travers les résistances et les tensions qu'elle soulève dans les instances municipales lorsqu'il s'agit de féminiser les noms de rue.

La toponymie de l'espace urbain est un indicateur, à la fois, de l'état de la mémoire collective à différentes époques (Bouvier et Guillon, 2005 ; Bouvier, 2007 ; Steffens, 2007 ; Chevalier et Herzog, 2018), des mentalités et des représentations des rôles féminins et masculins dans la société. Historiquement, l'espace public, dont les femmes ont été exclues depuis la Révolution française (Fraisse, 2000), consacre les hommes tant dans sa matérialité (rues, statues, bâtiments, stations de transports publics) que dans sa gouvernance et ses structures de gestion (politique, métiers de l'urbain). Les femmes, confinées dans l'espace privé et le rôle de reproduction, ont été privées de leur citoyenneté et d'une multitude d'activités économiques et de métiers « naturellement » dévolus aux hommes (Collectif, 2000 ; Perrot, 2002).

Cette conception des rôles sociaux et de la ségrégation des espaces[1] a laissé des traces qui se matérialisent dans le déséquilibre abyssal entre les odo-

---

[1] Les travaux innovateurs et critiques des féministes sur l'analyse genrée de l'espace urbain ne sont pas abordés dans le présent article. Voyez Coutras, 1996, 2003 ; Hancock, 2004 ; Rey 2002 ; Direnberger et Schmoll, 2014 ; Clerval et Le Renard, 2015 ; Mosconi *et al.* 2015 ; Raibaud, 2015. Ces études envisagent la ville comme un espace complexe traversé par une

nymes féminins et masculins des villes contemporaines. Ainsi, Pierre Dejemeppe (2017) reconnaît cette disproportion dans la commune bruxelloise de Saint-Gilles et, en guise de « consolation », argue de « la qualité exceptionnelle » des trois femmes honorées « *à défaut de quantité* » ; noms, ajoute-t-il, majoritairement attribués avant la Première Guerre mondiale, soit avant la période d'émancipation des femmes et leur accès à la vie politique en Belgique. Cette inégalité qui frappe également les figures issues des classes populaires (Veschambre, 2014 ; Zanetti, 2018) ou des minorités racisées et sexuelles[2], est observée dans diverses grandes métropoles de la planète[3] et suscite une mobilisation croissante d'organisations féministes qui y voient un des terrains d'expression des rapports sociaux de domination et de lutte politique pour l'égalité des sexes.

Notre intérêt pour le terrain étudié fut suscité par les actions de désobéissance civile de l'association *Noms Peut-Être !*, publicisées chaque 8 mars dans la presse depuis 2017 (voir la section *S'allier aux organisations féministes*), qui dénoncent l'invisibilité des femmes dans la ville et, singulièrement, dans les odonymes urbains, et, d'un autre côté, par le constat de l'absence presque totale d'enquêtes sur le sujet tant dans le domaine des études de genre en sociologie que dans celui des recherches portant sur Bruxelles.

La féminisation de l'odonymie urbaine est envisagée ici comme une des stratégies de visibilisation des femmes dans la ville. Celles-ci consistent, notamment, dans des actions d'occupation de cafés ou de quartiers (marches de nuit non mixtes), des manifestations publiques pour réclamer des droits (journée internationale des femmes, marche mondiale des femmes), la publicisation d'un problème (violence, harcèlement), des manifestations festives (Gay Pride), ou encore le changement des signalétiques urbaines (des toilettes, parkings, feux de signalisation, etc.).

L'article propose de mesurer la place des femmes dans l'odonymie bruxelloise et d'identifier les contraintes et les enjeux qui caractérisent les démarches politiques entreprises pour accroître la visibilité des femmes dans la

---

multitude de rapports de domination et contestent, à la fois, la vision neutre de l'espace urbain (produit de représentations et d'usages sociaux qui le façonnent) et la dichotomie espace public/espace privé.

[2] Comme l'indique le relevé par nationalités/origines/sexualité et genre établi par la collective bruxelloise *Noms Peut-Être !/Vrouwen de straat op !* dont l'action promeut le nom des femmes dans leur diversité, mais également les queers et les transgenres. (https://nomspeutetre.wordpress.com).

[3] Le site Mapbox cartographie le sexisme des villes sur base des données d'OpenStreetMap. En moyenne, 27,5 % des rues étudiées portaient un nom féminin. Seule une ville en Inde attribue 39 % de noms de rue aux femmes. https://blog.mapbox.com/mapping-female-versus-male-street-names-b4654c1e00d5

matérialité de l'espace public de la capitale belge. Il soulève ainsi des questions majeures sur le lien entre les femmes et la ville : quelles empreintes l'absence historique des femmes de la sphère politique, notamment locale, et l'hégémonie masculine séculaire ont-elles laissé sur les odonymes bruxellois ? La réglementation et les pratiques dans l'espace politique contemporain sont-elles encore des lieux de résistance à leur féminisation ? Quelles stratégies les tenant·e·s de l'égalité des sexes déploient-il·le·s pour lutter contre l'invisibilité des femmes dans l'espace urbain ?

L'étude, de portée strictement monographique, repose sur deux approches : quantitative, d'une part, avec le relevé systématique des noms de rues (voir encadré 1) qui mesure la part des noms féminins et masculins dans les 5 410 rues de la Région de Bruxelles-Capitale (ci-après RBC) ; qualitative, d'autre part, avec la réalisation d'entretiens semi-directifs sur les pratiques et les stratégies politiques locales d'élu·e·s en matière de féminisation des noms de rue.

Encadré 1 – **Méthodologie et contexte**

L'enquête a été réalisée entre février et avril 2020 par les auteur·e·s et leurs étudiant·e·s de l'Université Libre de Bruxelles.

Le relevé exhaustif des odonymes de la voirie publique de la RBC a été effectué à partir de 4 principaux sites web : www.ebru.be, https://be.brussels/, www.irismonument.be, www.openstreetmap.org et des sites des 19 communes bruxelloises. Ces données ont été croisées, puis complétées par des observations sur place et différents ouvrages historiques.

Le relevé porte aussi bien sur les voiries habitées (avenues, boulevards, chaussées, drèves, places, rues, squares) que sur les parcs, tunnels (exclusivement routiers), ronds-points, quais, passages, chemins, venelles et sentiers[4]. Les dénominations incluent : les noms de personnes physiques dont l'existence est avérée ; les noms de groupes (Touristes, Vieillards, Étudiants), de communautés (franciscaines) ou de métiers (Bouchers, Pilote) ; les prénoms isolés (Paule, Salomé) ou les personnages non identifiables (la Fiancée) ; les figures religieuses, mythologiques ou littéraires (les Bacchantes, La Belle au Bois dormant). Les voiries portant le patronyme d'un couple dont le nom de jeune fille de l'épouse est accolé à celui du nom de l'époux ont été comptabilisées à la fois dans les voiries féminines et masculines (8 voies) dès lors que l'objectif est de mesurer la probabilité de trouver une rue portant un nom féminin ou un nom masculin ; les noms de couples alimentent donc l'un et l'autre de ces ensembles. En revanche, si le patronyme mentionne le seul prénom ou titre de l'épouse (ex. : Square Princesse Jean de Mérode), alors cette voie est comptée uniquement parmi les voiries féminines. On dénombre 11 voiries dont l'assise est répartie sur plusieurs communes que nous avons comptabilisées dans chaque commune où elles apparaissent ; en revanche, elles ne sont comptées qu'une seule fois dans le total régional.

Ce relevé des odonymes a été complété par des observations in situ examinant la morphologie des voiries et du quartier (commercial, résidentiel, etc.) ainsi que les flux de passages (fréquenté ou pas) et des entretiens qualitatifs d'élu·e·s (voir encadré 2).

---

[4] Les termes voirie, voie ou artère désigneront alternativement ces espaces publics de circulation, indépendamment de leurs différences intrinsèques.

LES ODONYMES FÉMININS BRUXELLOIS : ÉTAT DES LIEUX

La Région de Bruxelles-Capitale (RBC), instituée depuis 1989 comme entité administrative au sein de l'État fédéral belge aux côtés des Régions flamande et wallonne, regroupe 19 communes, dont celle de Bruxelles-Ville. Son territoire s'étend sur 161,4 km^2 et présente une densité de population de 7 525 hab/km^2 pour une population de 1 208 542 habitant.e.s (dont 51 % de femmes et 35 % de résidents étrangers, parmi lesquels 2/3 proviennent de l'UE). Bruxelles est la troisième région en Europe la plus riche en termes de PIB par habitant (65 007 € en 2017) et présente une forte dualisation socio-économique où les communes affichent des indices de richesse très variables s'étalant entre 51 et 111 (soit 11 points de plus que la moyenne belge).

1. Commune	2. Nombre total de voiries	3. Odonymes féminins (nombre absolu)	4. Odonymes féminins (portion communale) [3/2]	5. Odonymes humains (féminins + masculins – nombre absolu)
Bruxelles-Ville	730	51	0,070	320
Forest	195	13	0,067	98
Jette	195	12	0,062	158
Woluwe-St-Lambert	269	14	0,052	120
Uccle	465	21	0,052	120
Ganshoren	118	6	0,051	71
Bruxelles (Laeken-NHO-Haeren)	367	17	0,046	148
Ixelles	324	14	0,043	172
Koekelberg	71	3	0,042	43
Molenbeek	288	12	0,042	152
Watermael	255	10	0,039	53
Woluwe-St-Pierre	305	11	0,036	148
Berchem-Ste-Agathe	112	4	0,036	37
Saint-Gilles	158	4	0,025	82
Etterbeek	201	5	0,025	135
Auderghem	246	6	0,024	157
Anderlecht	487	10	0,021	219
Schaerbeek	339	6	0,018	256
Saint-Josse	119	2	0,017	55
Evere	166	2	0,012	80
Totaux	5 410	226	0,042	2 734

Tableau 1 – **Les communes de la RBC classées selon la proportion des odonymes féminins**

Lecture du tableau : la colonne 4 présente la proportion en ordre décroissant de voiries aux noms de figures féminines recensées sur leur territoire des 19 communes bruxelloises. Source : recensement des auteur·e·s.

Les communes se distinguent également du point de vue de leur superficie (de 32 km² pour Bruxelles-Ville à 1,14 km² pour Saint-Josse), du volume de leur population (de 180 000 pour Bruxelles-Ville à 8 200 pour Evere, en 2019), mais aussi du nombre de voiries sur leur territoire respectif (de 730 à 71). Le tableau 1 fournit le relevé exhaustif des voiries de la RBC tant en chiffres absolus qu'en proportions respectives de voies féminines et masculines.

Sur le plan linguistique, la RBC est une région bilingue bien que les francophones représentent 91,8 % de la population en 2018 : leur pourcentage par communes varie entre un maximum de 95,2 % à Uccle et un minimum de 87,3 % à Berchem-Ste-Agathe. Toutes les plaques de rues sont libellées en français et en néerlandais (pour un exemple, voir l'illustration 1).

Le résultat du relevé des odonymes des 5 410 voiries de la RBC révèle l'écart colossal existant entre le nombre d'artères portant un nom féminin et masculin : sur les 50 % des voies qui portent le nom d'une personne ou d'un groupe humain, 46 % concernent un homme et 4 % une femme. Les figures féminines sont dix fois moins nombreuses que les figures masculines. Les proportions varient peu d'une commune à l'autre, de 1 % (Evere) et à 7 % (Bruxelles-Ville), la majorité des cas se situant autour de 4 %.

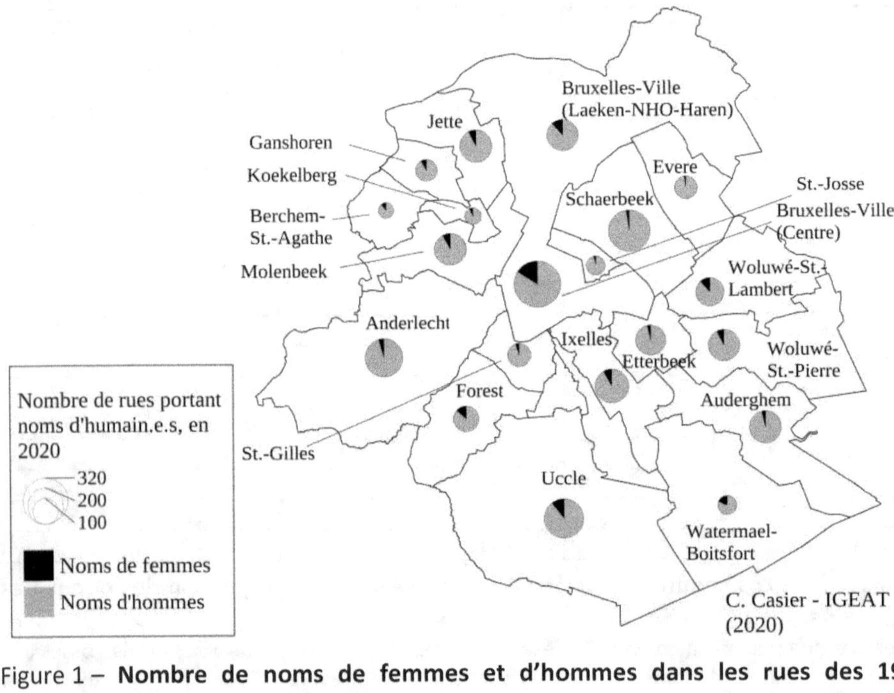

Figure 1 – **Nombre de noms de femmes et d'hommes dans les rues des 19 communes de la Région de Bruxelles-Capitale**

La figure 1 permet de visualiser la répartition du nombre de rues portant des noms de femmes et d'hommes sur le territoire des 19 communes de la RBC et leur importance au regard du nombre de rues portant un nom d'humain.e recensé en 2020.

En plus du déséquilibre numérique, l'analyse qualitative des caractéristiques du paysage viaire féminin révèle le caractère inégalitaire et minoritaire des femmes dans trois de ses dimensions : le type de voiries attribuées (place, avenue, boulevard), le type de figures honorées (reine, propriétaire, féministe) et le contenu des plaques décrivant le profil de la personne.

Hiérarchisation des voiries

L'attribution d'un nom de rue inclut une opération qui établit un classement tacite des figures en fonction du type de voirie allouée : plus on monte dans la hiérarchie des espaces viaires, moins on trouve de noms féminins. Raibaud (2015) observait qu'en France, ponts et boulevards honoraient les hommes alors que les femmes héritaient des allées et impasses.

À l'échelle de la RBC, 40 % des voiries féminines sont des rues (88), 23 % des avenues (52), 8 % des places et 8 % des squares. On compte 6 parcs (2,7 % des odonymes féminins) et 3 boulevards (1,4 %) mais aucune chaussée[5]. Cette hiérarchie s'observe également parmi les voiries régionales, axes structurant le territoire bruxellois, puisque 12 portent un nom féminin, contre 181 noms d'hommes, soit un rapport de 1 à 15.

Les artères féminines traversant plusieurs communes possèdent la caractéristique commune de porter le nom d'une souveraine. Parmi ces voies, on trouve quelques axes importants avec de larges perspectives visuelles, souvent arborées et traversant un quartier résidentiel. Contrairement aux hommes, aucune femme ne semble « mériter » de donner son nom à des voies majeures, excepté les femmes de la famille royale.

L'Allée Rosa Luxemburg (théoricienne marxiste allemande) et le Square Maurane (chanteuse belge) se singularisent par leur forme en terre-pleins ancrés au milieu de plusieurs voies importantes et qui ont été baptisés récemment (respectivement 2006 et 2019). Ces opérations n'ont donc pas nécessité de modifier les adresses cadastrales et postales des bâtiments bordant ces voies.

[5] Les autres types de voiries recensés sont des allées (9), des drèves (9), des clos (4), des « petites rues » (4), des parvis (4), des tunnels (3), des impasses (2) ainsi qu'un carrefour, une galerie, un jardin et un passage

Figures honorées

Parmi les odonymes féminins, trois catégories de personnages donnent leurs noms aux rues, chacune représentant environ 30 %. La première désigne des personnalités civiles : 72 voiries honorent ainsi des femmes de chair et d'os (32 % du total des voiries féminines), auxquelles on peut ajouter des couples où apparaissent les noms des épouses (8), ce qui représente au total 34,2 % de toutes les voies féminines. Uccle est la commune qui compte le plus grand nombre (15) d'individualités honorées, en ce comprise une souveraine (Av. de la Princesse Paola). Quatre communes présentent un nombre moyen de noms propres féminins : Anderlecht (9), Ixelles (9), Jette (8) et Bruxelles-Ville (8). Les autres communes n'affichent que de 2 à 4 noms propres de femmes.

La deuxième catégorie comprend les noms de souveraines dont 65 voiries sont porteuses (soit 29,3 % des voiries féminines), parmi lesquelles une seule porte le nom d'un couple de souverains. Les têtes régnantes apparaissent donc de manière individualisée. Soulignons que plusieurs noms (Louise, Élisabeth) sont utilisés plus d'une fois pour désigner des voiries distinctes (avenue, rue, parc) ou la voirie qu'ils désignent traversent plusieurs communes. Par ailleurs, cette catégorie comprend à la fois des noms propres et des noms génériques (la Princesse, la Reine). Au total, pour 65 voiries portant un nom de souveraine, on dénombre 35 dénominations différentes, dont 15 portent un nom générique (de la Reine, de la Duchesse, de l'Infante, de l'Impératrice ou Souveraine).

Un troisième ensemble contient les voiries féminines portant des noms liés à la religion (exclusivement catholique). On en dénombre 49 (soit 22 % du total des voiries féminines), parmi lesquelles 33 désignent des personnes (saintes) et 16 des congrégations ecclésiastiques. Si on ajoute à cette catégorie les voies portant le nom d'une figure mythologique (23, soit 10 % des rues féminines) aux qualités également « supra-humaines », ce groupe représente 32 % des artères féminines.

Ainsi, les odonymes bruxellois charrient trois principales représentations des femmes : la souveraine, la figure religieuse ou surnaturelle et la personnalité individuelle. Notons l'absence étonnante de voiries portant un nom de métier pratiqué par des femmes déjà mis en relief par Éliane Gubin (2006). Dans son relevé des noms de rue réalisé dans la ville de Marseille, Éliane Richard (2001) établit un constat identique quant à la surreprésentation des figures de souveraine et de religieuse, et à l'invisibilité des métiers féminins. La seule activité s'apparentant au travail est celle des assembleuses de fleurs (Impasse de la Bouquetière à Bruxelles-Ville) baptisée de la sorte en 1853, mais désormais inaccessible au public. L'odonymie bruxelloise ignore donc totalement la femme en tant que travailleuse ou figure d'une profession : Bruxelles n'aurait-elle donc jamais connu ni lavandière, ni couturière, ni servante, ni sage-femme, ni commerçante… ?

Enfin, parmi les 79 femmes donnant leur nom à une voirie, 8 d'entre elles ont été très récemment honorées en leur qualité de féministes. Ce nombre sera amené à croître dans les limites très ténues au regard des contraintes existantes.

Des plaques massivement muettes

La réglementation sur les plaques permet d'ajouter sous le nom un bref commentaire de maximum 200 caractères, mais la grande majorité des plaques de noms féminins ne fournissent aucune indication sur les personnages éponymes. Anderlecht est la seule commune où toutes les plaques de rues aux noms féminins fournissent une information biographique sur les personnes honorées (dates de naissance et de décès, et motif de la mise à l'honneur), à l'exception étonnante de la rue Marie Curie. De son côté, la commune d'Uccle a installé systématiquement des plaques donnant les noms et biographies des personnalités féminines (toutes des artistes) pour les allées d'un parc public, mais les autres voiries de la commune ne mentionnent aucune information sur les femmes éponymes. Enfin soulignons la plaque particulièrement loquace de l'Allée Rosa Luxemburg à Bruxelles-Ville, qui comprend une biographie bilingue de treize lignes (illustration 1).

Illustration 1 – **Plaques de l'Allée Rosa Luxemburg** (Bruxelles-Ville, 2020) ©les auteur·e·s, 2020.

Excepté ces trois cas, les plaques de voiries en RBC ne permettent pas aux passant·e·s de découvrir les profils des personnalités honorées.

LA PROCÉDURE LÉGALE D'ATTRIBUTION DES ODONYMES À BRUXELLES

Avant d'aborder les pratiques des élu·e·s en matière d'attribution des odonymes, examinons la procédure communale d'octroi du nom de rue définie légalement qui, selon les pays[6], est régulée par différents textes et organes chargés d'approuver l'odonyme. En Belgique, plusieurs circulaires ministérielles et décrets organisent la matière et les communes ont l'obligation d'obtenir l'approbation de la *Commission royale de toponymie et de dialectologie* (ci-après CRTD) dont nous examinerons la composition.

La réglementation indique que tout changement de noms ne peut s'effectuer « sans raison sérieuse » et doit respecter quelques principes de base : la consultation obligatoire des habitant·e·s du lieu (sauf en cas d'homonymie), la priorité accordée à l'histoire, la toponymie ou le folklore local ; l'interdiction d'honorer des personnes vivantes (sauf pour les chefs d'État) et les défunt·e·s doivent l'être depuis plus de cinquante ans. Toute procédure doit faire l'objet d'un dossier argumenté et documenté par une cartographie et la biographie des personnes choisies (Goosse, 1981).

Sur le plan formel, la dénomination des artères communales comprend les étapes suivantes (pas nécessairement toutes respectées ou réalisées dans cet ordre) : proposition de dénomination à l'initiative des élu·e·s, des services communaux ou des citoyen·ne·s ; approbation par le Collège et par le Conseil[7] ; approbation par la CRTD ; vote du Conseil communal ; intégration du nom dans le Registre de la population (registre national) ; diffusion de l'information ; affichage des plaques sur la voirie ; enregistrement éventuel sur Google Maps laissé à l'appréciation des élu·e·s qui souhaitent achever le processus de visibilisation des femmes dans l'espace urbain.

Les communes bruxelloises sont tenues de demander l'avis de la section wallonne de la CRTD, ce qui reflète la démographie majoritairement francophone de Bruxelles. Néanmoins, on constate que toutes les femmes de nationalité belge donnant leurs noms à une voirie bruxelloise sont elles-mêmes des Bruxelloises, par naissance ou par résidence, ce qui témoigne du caractère « localiste » du bassin de recrutement en matière d'odonymie. La

[6] En Belgique, elle est plus contraignante par exemple qu'en France où le Conseil municipal et le/la maire disposent d'une large marge de manœuvre sur les critères et le choix des noms, si bien qu'il y aurait autant de procédures que de conseils municipaux (Comard-Rentz, 2006).

[7] Le Conseil communal réunit l'ensemble des élu·e·s et le Collège est l'organe exécutif composé du bourgmestre (maire) et des échevins (adjoints).

composition de la Commission royale et de ses deux sections (wallonne et flamande) est également intéressante sur le plan de la répartition des sexes. En 2020, le bureau de la Commission est composé de 4 hommes et d'1 femme. La section wallonne est constituée de 15 personnes dont 4 femmes et la section flamande comprend 3 femmes sur 15 personnes. Le bureau de la section wallonne est 100 % masculin : 2 hommes sur 2 membres, et le bureau de la section flamande est paritaire avec 1 femme et 1 homme. Sur les 9 responsables du contrôle des noms de rues de la section wallonne, un seul est une femme. La composition de la Commission royale est donc très loin de la parité, ce qui peut potentiellement favoriser un biais masculin dans l'analyse des dossiers d'attribution du nom des voiries.

Dans un entretien, une responsable d'un service égalité des chances s'était émue de la prise de position dans un média télévisé du président de la CRTD qui manifestait une humeur chagrine sur l'attribution d'odonymes féminins sur un ton, disait-elle, inacceptable : « *"il déclarait : oui, mais on ne va pas donner un nom de rue à une femme parce que c'est une femme, il faut autre chose". Ça m'a rendue furieuse !* »

Muni·e·s de notre relevé exhaustif des noms féminins et masculins de l'espace viaire bruxellois, nous avons interviewé des élu·e·s pour examiner ce qui se joue sur le terrain autour des odonymes afin de mieux saisir les raisons du déséquilibre démesuré entre les femmes et les hommes.

CONTRAINTES ET STRATÉGIES DE FÉMINISATION DES ODONYMES

L'enquête sur les pratiques et stratégies politiques de féminisation des odonymes a été réalisée auprès d'élu·e·s en poste au sein de l'exécutif communal (Collège), dont la plupart occupent leur premier mandat politique. Les entretiens visaient à identifier, à la fois, les *contraintes* liées à la procédure d'attribution du nom des voies urbaines pensée depuis des décennies par des politiques et des fonctionnaires masculins, et les *stratégies* pour faire aboutir les projets de féminisation des noms dans leur commune respective.

Encadré 2 – **Les entretiens qualitatifs**

Quinze entretiens semi-directifs ont été menés en face à face, par téléphone ou par email auprès d'élu·e·s et de responsables administratif·ve·s chargé·e·s de l'attribution du nom des rues (réalisés de février à mars 2020, où la période de confinement a imposé d'adapter les modalités des rencontres).

Sur les 15 personnes interviewées, 9 sont des élus·e·s dont 8 sont des femmes : 6 écologistes (5 échevins·e·s et 1 conseillère communale), 2 socialistes (1 bourgmestre et 1 échevine), 1 échevine Défi (parti d'obédience libérale et centriste). La surreprésentation des femmes (12 pour 3 hommes) et des partis de la gauche traditionnelle dans l'échantillon sont le reflet du paysage politique bruxellois depuis les élections locales d'octobre 2018, des compétences et de la disponibilité des élus·e·s au moment de l'enquête. Les échevinats concernés sont celui de l'urbanisme, de l'égalité des chances (ou des droits ou des genres), de l'état civil ou de l'espace public.

Les entretiens portaient principalement sur la description de la procédure d'attribution d'un nom de voirie dans la commune concernée (qui propose, qui décide, selon quels processus et procédure ?), sur les critères de sélection des personnes à honorer, sur les cas d'attribution de noms féminins ou de changements de noms de rue et les débats suscités et, enfin, sur les éventuels projets d'attribution de noms de femmes.

L'objectif de l'enquête était d'illustrer les pratiques et les stratégies odonymiques des communes bruxelloises et non de comparer leur dynamisme respectif. C'est pourquoi tous les extraits d'entretiens présentés ci-après sont anonymisés.

Le profil majoritairement féminin des élu·e·s rencontré·e·s (8/9) est certes lié à leur compétence, mais il témoigne aussi d'une présence croissante des femmes dans la sphère politique décisionnelle à l'échelle locale[8] (IEFH, 2018), d'un engagement dans la lutte pour l'égalité et d'une conscience des enjeux relatifs à l'attribution des odonymes communaux au regard du champ de responsabilités politiques choisi. Raibaud (2015) soulignait l'obstacle majeur au changement des pratiques politiques que constitue la faible présence des femmes tant dans les sphères de réflexion sur la ville que celles de la décision politique, sans considérer cependant que l'accès des femmes en politique garantit une approche genrée des politiques publiques.

Féminisation des voiries : soutiens et résistances

Selon les témoins, le principe de la féminisation des odonymes semble acquis dans les exécutifs des 8 communes représentées. Il s'appuie généralement sur l'engagement politique des majorités communales à appliquer l'égalité de traitement et à lutter contre toutes les catégories de discrimination inscrites dans la *Charte européenne pour l'égalité des femmes et des hommes dans la vie locale*, dans un plan d'action pour l'égalité femmes-hommes ou dans des accords de majorité dont certains incluent le projet de féminiser les noms de rues de la commune.

Cette posture égalitaire unanime se décline cependant à des rythmes et des amplitudes variés : elle se reflète dans une position de principe plus ou moins ambiguë (« *c'est dans l'air du temps* »), elle se manifeste sous l'angle d'un impératif (« *la féminisation de la société est en marche depuis longtemps et nous considérons qu'il est de notre devoir de mettre le talent, le courage ou l'œuvre de ces femmes à l'honneur* »), ou elle s'affirme à travers une stratégie politique explicite à la faveur d'un nouveau rapport de force au sein du Collège ou du Conseil communal :

[8] Les médias signalaient que les femmes étaient majoritaires dans huit conseils communaux sur dix-neuf : Auderghem, Ganshoren, Ixelles, Saint-Gilles, Uccle, Watermael-Boitsfort, Woluwe-Saint-Lambert et Woluwe-Saint-Pierre.

> « C'est quand même normal que la moitié de l'humanité soit davantage représentée dans l'espace public, c'est la même chose pour tout, c'est pareil pour les artistes qui sont bien moins souvent exposées que les hommes. Il y a une véritable inégalité et ça me paraît juste une évidence, depuis que je suis élue, de me battre pour rendre hommage aux femmes. Je pense franchement que mes prédécesseurs n'étaient pas contre, mais ils n'auraient pas été jusqu'à changer le nom de certaines rues. Aujourd'hui, ils n'ont pas le choix ! On a un des Conseils communaux le plus féminin de Belgique ».

Bien que certaines élues soient convaincues du féminisme de leurs collègues masculins (*« Ils n'allaient certainement pas freiner, ils sont quand même assez féministes dans notre commune »)* l'adhésion unanime à la féminisation des odonymes cache parfois des résistances à l'égalité de la part d'élus masculins. Ils « pinaillent », brandissent le principe de non-discrimination des hommes pour empêcher un nombre supérieur d'attributions de noms féminins visant à compenser le retard accumulé au cours du temps, mobilisent des clichés sur les femmes pour justifier leurs réserves ou proposent n'importe quel autre nom :

> « Il y a une certaine logique qui voudrait que l'attribution des futures voiries soit paritaire parce qu'on estime que c'est ça l'égalité aujourd'hui. Dans le cas des 4 rues à nommer, on a procédé de la sorte : 2 hommes, 2 femmes en disant "pas de discrimination envers les hommes". Mais ça, c'est un des freins. Puis viennent les clichés du genre "mais non il n'y a pas vraiment de femmes qui ont fait des choses importantes" ou "on va perdre en qualité dans l'espace public si on donne des noms de femmes" ».

> « J'aimerais bien dire qu'à partir de maintenant tous les noms de rue seront féminins, mais je vois bien que, même pour la crèche, c'était un combat : ils ne voulaient pas spécialement mettre un nom d'homme, mais appeler ça les libellules ou les p'tits loups ou je ne sais quoi d'autre ».

Les résistances de l'ordre masculin au changement s'illustrent aussi dans l'expérience du nouveau quartier « Tour et Taxis » créé sur le territoire de Bruxelles-Ville. Bien que les autorités communales se soient clairement engagées à augmenter significativement le nombre d'odonymes féminins, l'appel à participation de la population – organisé en juin 2018 pour attribuer un nom aux 28 nouvelles voiries de ce site – s'est soldé par un résultat navrant : sur les 1 397 propositions de toute nature (plantes, animaux, humains, etc.), le jury a sélectionné deux noms de femmes : la cinéaste Chantal Akerman et la première femme universitaire et première médecin de Belgique, Isala Van Diest[9].

---

[9] Fin 2019, l'échevine de l'urbanisme de Bruxelles-Ville du nouvel exécutif communal a soumis au vote du Conseil communal le nom d'Anna Boch pour une drève qui avait été attribuée à une famille de la noblesse allemande historiquement liée au site. Boch est une

Stratégies d'action des élu·e·s

Les contraintes légales, topographiques, géographiques et politiques limitent fortement les opportunités d'attribution des noms de femmes aux artères de la ville. Sur ce point, l'odonymie bruxelloise montre une géographie complexe. Les communes où la proportion de noms de femmes est la moins défavorable se situent à la fois au centre de la RBC (Bruxelles-Ville) et en ses entours (Forest et Uccle au sud, Jette et Ganshoren au nord, Woluwe-Saint-Lambert à l'est) ; les proportions les plus masculines se retrouvent dans les communes centrales les plus denses. Mais le schéma est loin d'être strictement concentrique, certaines communes périphériques montrant une féminisation odonymique très basse (Evere) et certaines communes centrales des proportions moins inégales du point de vue du genre (Ixelles ou Koekelberg). Il n'existe donc pas de lien nécessaire entre la densité du bâti et la répartition des odonymes. Notre enquête révèle que le paysage toponymique évolue plutôt en fonction des initiatives politiques locales. Cinq types d'actions déployées par les élu·e·s ont pu être identifiés : débaptiser les noms des rues, féminiser les nouvelles voies, élargir le spectre des odonymes à d'autres objets urbains, repenser l'espace et les politiques publiques, et, enfin, s'allier aux organisations féministes qui dénoncent l'invisibilité des femmes dans l'espace urbain.

Débaptiser le nom des rues

Débaptiser le nom d'une rue nous paraît un acte simple et banal. Or, cette démarche est rare (elle marque généralement des événements politiques d'importance majeure) et techniquement complexe : elle implique des opérations liées au problème des impétrants dans le sous-sol (eau, électricité, gaz, télécommunication, égouts) et, par conséquent, un nombre significatif d'intervenants. En effet, toutes les adresses du sous-sol et de tous les habitant·e·s, commerces et entreprises qui y résident doivent être modifiées. Si bien que les élu·e·s écartent unanimement cette procédure, même si elle a été exceptionnellement pratiquée comme lors de la suppression des homonymies recommandée par la CRTD suite au décès du très populaire Roi Baudouin (1993) ou au lendemain de la Première Guerre mondiale pour commémorer une bataille célèbre.

Les nombreux noms de combattants de guerre constituent un autre obstacle à la débaptisation d'une voie urbaine car ils sont l'objet d'un tabou moral et symbolique. Ce bastion masculin intouchable empêche l'attribution des noms de femmes, y compris celles connues pour leurs faits de bravoure ou de résistance pendant les guerres. Si certaines élues pensent pouvoir accroître le potentiel de voies à féminiser, elles savent qu'elles manqueront

---

artiste peintre membre du « Groupe des XX » qui a marqué l'impressionnisme belge (cf. *Le Soir*, 12/11/19).

de soutien politique lorsqu'elles proposeront de toucher aux odonymes glorifiant les combattants des guerres :

> « Le 1er novembre, on fait le tour des monuments aux morts et, à part Édith Cavell, il n'y a rien pour les femmes. Là, on touche à la mémoire liée à la guerre. Cela serait considéré comme un acte spectaculaire et radical ».

Des initiatives en ce sens voient néanmoins le jour. Au début de l'année 2020, la ministre bruxelloise de la Mobilité, Elke Van den Brandt (Groen, parti écologiste) a décidé que le plus long tunnel routier de Bruxelles serait débaptisé et renommé au nom d'une femme, choisi par la population. Ce changement accompagne l'importante opération de rénovation de l'ouvrage célébrant jusqu'alors le nom du Roi Léopold II, sous l'impulsion duquel fut réalisée la colonisation du Congo à la fin du XIXe siècle. Le geste revêt dès lors une double signification, féministe et décoloniale.

Féminiser les nouvelles voiries

Une autre option pour l'attribution de noms féminins aux voiries concerne les nouveaux quartiers ou les lieux encore anonymes (jardins, îlots, cours intérieures, venelles, allées, etc.). Cette voie est fréquemment suivie, mais elle soulève trois problèmes majeurs : d'abord, le très faible nombre de nouvelles rues créées dans les communes bruxelloises dont le bâti est très dense, ensuite l'absence de consensus pour féminiser la totalité ou la majorité de ces nouvelles voies pour contrecarrer le poids de l'histoire en défaveur des femmes, enfin la moindre visibilité des figures féminines qui ne bénéficient que de voiries marginales.

Conscient·e·s de ces enjeux, des élu·e·s réagissent alors en démultipliant des actions de visibilisation des femmes dans l'espace public comme, par exemple, l'attribution de faux noms de rue féminins :

> « Lors de la Journée internationale des Droits des femmes et au cours du mois de mars, on va installer des fausses plaques au nom de femmes qui ressemblent aux vraies plaques. On a choisi dix rues et un square sur lesquels on va lier la lutte pour l'égalité des femmes et la lutte pour la décolonisation des rues. Pendant six mois, on affichera le nom de la femme et une brève description biographique sur la plaque. Puis, on va publier un prospectus avec le plan reprenant les noms de rue et organiser des balades avec une historienne sur le parcours de ces femmes ».

Étendre le spectre des odonymes à d'autres objets urbains et minorités invisibles

Face au manque d'espace et d'opportunités qui permettraient d'amplifier la féminisation des odonymes, des élu·e·s élargissent leur stratégie de féminisation à tous types de bâtiments publics tels que les écoles, crèches, jardins et parcs, salles communales, stades, piscines, etc.[10].

Plusieurs de nos témoins envisagent leur action dans une perspective intersectionnelle qui témoigne de la diffusion dans une partie de la classe politique d'une pensée et d'une praxis complexes portées par des femmes, des jeunes et des personnes racisées, notamment issu·e·s de classes populaires. Leur stratégie plaide pour une ouverture aux autres populations invisibilisées telles que les ouvrières et les minorités racisées et sexuelles. Selon les témoignages, cette approche répond souvent à une volonté de mieux refléter le profil de la population qui réside dans la commune et de faire écho à la mobilisation de groupes de citoyen·ne·s (les collectives *Noms Peut-être* ou *Mémoire coloniale*) qui contestent les odonymes rendant hommage essentiellement aux hommes ou aux serviteurs de l'entreprise coloniale (tel le roi Léopold II déjà évoqué). Il·le·s proposent donc de valoriser davantage des personnages autres que les femmes blanches et bourgeoises :

> « Au-delà des femmes, il y a aussi une volonté de réfléchir aussi aux populations racisées. Pour nous, ce sont deux faces d'une même pièce : le rapport au patriarcat, le rapport aux dominants-dominés en général ».

> « On a choisi onze noms de femmes issues de la diversité. L'idée était de ne pas mettre en avant trop de femmes qui n'ont pas besoin de reconnaissance, comme Édith Cavell ou Marie Curie. On a plutôt essayé de mettre en lumière des femmes moins connues malgré leurs prouesses ».

> « L'intersectionnalité, franchement, c'est loin d'être compris par une série de personnes. (…) Dans les discussions qui ont eu lieu au Collège, la proposition de remplacer des noms d'hommes liés aux colonies a suscité des blocages (…) parce qu'il y a encore quelques coloniaux dans notre commune... Pour les femmes, si on regarde bien, ce ne sont que des blanches. On pourrait pousser plus loin et se demander si ce ne sont que des hétéros ? Toutes des universitaires, bourgeoises ou nobles ? »

Repenser les politiques publiques

Les récits des certain·e·s élu·e·s a aussi révélé le niveau complexe d'élaboration de leur stratégie qui articule une variété d'enjeux liés aussi bien à la sécurité, au harcèlement de rue, à l'occupation des espaces publics, à l'accès des femmes aux activités et budgets sportifs et culturels ou, encore, à la valorisation des artistes et de l'art féminins.

> « L'art, c'est une chose à laquelle il faut faire super gaffe. Il y a le « street art », la peinture ou toute représentation artistique. Pour le *street art*, il y a une tendance à représenter des figures très masculines ou, quand ce sont

[10] À l'échelle de la RBC, des Parlementaires soutiennent ce type d'initiatives et ont soumis au Parlement bruxellois une résolution relative à l'attribution de noms de femmes dans l'espace public en juillet 2018, session ordinaire 2017-2018, A-716/1-2017-2018.

des nanas, elles sont très sexualisées. Même dans les autres formes d'art, on a aussi des représentations hyper genrées. Là aussi il faut déconstruire les représentations stéréotypées des femmes et des hommes dans l'espace public ».

La conscience du caractère systémique des inégalités sociales a conduit certain·e·s élu·e·s à mobiliser deux outils de gestion des politiques publiques, le *gender mainstreaming* et le *gender budgeting*, souvent brandis mais rarement utilisés dans les communes. Le premier, par exemple, articule les politiques économiques, sociales et culturelles, mais également veille au respect de la parité dans la composition des commissions communales (ex. : urbanisme), dans l'accès à l'emploi communal et aux activités culturelles et sportives et il examine les biais éventuels produits dans les cahiers des charges des appels d'offres, etc. Le *gender budgeting* évalue l'impact des politiques sur les femmes et les hommes et permet ainsi d'identifier les groupes sociaux qui en bénéficient le plus : en matières culturelle, sociale ou sportive, cet instrument mesure les déséquilibres d'accès aux moyens financiers distribués ou aux activités organisées par la commune comme les activités artistiques, sportives et de loisirs qui profitent majoritairement aux hommes et mis en évidence dans plusieurs études récentes (Blanchard et Hancock, 2017 ; Woelfle, 2019).

> « Dans ma commune, on a observé que les stages de sports profitaient surtout aux garçons et pas assez aux filles. Alors qu'il y a de plus en plus de clubs de foot de filles, elles ne trouvent pas de plages horaires toutes occupées par les garçons ni de terrain pour s'entraîner. Pour les piscines, tous les maîtres-nageurs sont des hommes. Cet exercice nous oblige à produire des statistiques pour rééquilibrer les choses. Tout ça demande du temps en termes de diagnostic ».

Enfin, les élu·e·s du groupe écologiste rencontré·e·s soulignent leur choix stratégique de coordonner la politique d'égalité des chances et des droits des femmes à l'échelle des communes où il·le·s détiennent ces compétences. Cet espace est un lieu collectif d'échanges d'expériences et de réflexion, mais également un canal de diffusion des activités initiées et de soutien à l'action politique de ce parti en la matière.

S'allier aux organisations féministes

L'espace urbain est régulièrement le terrain de luttes et de contestations diverses autour d'intérêts matériels et symboliques antagoniques. La mémoire collective est un des enjeux qui s'actualise par ces tensions récurrentes :

> « La mémoire collective, et la mise en patrimoine qui en est une expression, procède par reconstructions constantes au cours desquelles des groupes s'affrontent, s'évitent, s'ignorent, s'inventent, négocient et réécrivent au présent le récit du passé. Parce qu'elle participe de la

transmission et de la cohésion du groupe, ou au contraire de leur délitement, la patrimonialisation donne à lire les dominations sociales, culturelles, mémorielles qui participent de la fabrique des territoires urbains contemporains. » (Busquet *et al.*, 2014, p. 1)

Ainsi, la répartition des odonymes de l'espace viaire bruxellois est désormais un enjeu qui mobilise des citoyen·ne·s. Deux collectives en particulier, *Noms Peut-Être*[11] et *L'architecture qui dégenre*[12], ont dénoncé le déni d'histoire et de reconnaissance des femmes dans l'espace urbain que les tenant·e·s d'un ordre patriarcal ont du mal à concéder et à réparer.

La première action de la collective *Noms Peut-être* a consisté à placarder la nuit les murs de certaines rues de Bruxelles de fausses plaques célébrant des femmes belges et étrangères (illustration 2). Ce faisant, elle contribue à sensibiliser et nourrir la réflexion, notamment, des élu·e·s avec qui elle collabore pour certaines de leurs actions.

Illustration 2 – **Féminisation symbolique du nom d'une rue par la collective *Noms Peut-être* (Saint-Gilles, 2019)**
©les auteur·e·s, 2019.

[11] https://nomspeutetre.wordpress.com/

[12] https://fr-fr.facebook.com/pg/architecturequidegenre/about/?ref=page_internal

Elle a, par exemple, participé à la rédaction de motions sur la féminisation du nom des rues dans deux communes bruxelloises et confectionné des listes de noms de femmes à honorer.

> « L'action de la re-nomination des noms de rue chez nous par la collective Noms Peut-être a marqué les esprits et il y a encore des endroits où le nom est encore visible. Cela a suscité des débats et interrogations sur les réseaux sociaux sur la raison du faible nombre de rues au nom féminin ».

La désobéissance civile non-violente qu'elle promeut pour renommer les rues s'étend désormais aux stations de métro de Bruxelles[13], aux emplois de la société bruxelloise de transport public (STIB) et aux amphithéâtres des universités[14]. Elle mène ses actions notamment lors de la Journée internationale des Droits des Femmes, ce qui lui offre une couverture médiatique importante pour toucher la population. Ses autres modes d'action consistent dans des marches exploratoires, des promenades féministes et la mise en ligne d'une carte interactive qui permet de visualiser le déséquilibre genré des odonymes à Bruxelles[15].

L'architecture qui dégenre, créée en octobre 2018 par une jeune architecte féministe, interroge « *l'ordre dominant, construit l'égalité, édifie l'optimisme (...) et l'accès à la propriété pour les femmes et aux professions liées* »[16]. Son objet porte davantage sur le rôle architectural, sculptural, urbanistique et social des femmes dans le façonnage de la ville et sur le matrimoine laissé en héritage au regard des biens que les femmes possédaient et étaient en droit de posséder dans une société patriarcale. L'association organise des balades et des conférences et est à l'initiative des Journées du Matrimoine bruxelloises organisées pour la première fois fin septembre 2019. C'est dans ce cadre que l'échevine de la commune de Saint-Gilles a inauguré la place Marie Janson (première sénatrice belge cooptée) dont le nom, attribué depuis 2007, restait largement inconnu de la plupart des passant·e·s qui fréquentent cette place.

---

[13] À Bruxelles, le décompte est tout aussi désolant qu'à Paris (où parmi les 302 stations existantes, 4 portent un nom de femme, selon Sniter, 2004) : sur 60 stations, 31 portent un nom de personne, dont 5 femmes et 26 hommes, soit 16 % de noms féminins.

[14] Cette action effectuée en juin 2019 auprès de l'Université Libre de Bruxelles a permis, en moins d'un an, d'obtenir que 11 amphithéâtres soient baptisés de noms de femmes belges ou étrangères sur un campus qui n'en comptait aucun.

[15] Voir le site https://equalstreetnames.brussels

[16] https://fr-fr.facebook.com/pg/architecturequidegenre/about/?ref=page_internal

FÉMINISER L'ODONYMIE BRUXELLOISE : UN DÉFI POLITIQUE ET SYMBOLIQUE

L'enquête sur l'état des lieux de la toponymie viaire féminine à Bruxelles a établi deux constats quantitatifs importants : premièrement, le déséquilibre numérique entre les figures féminines (4 %) et masculines (46 %) dans les voies qui portent le nom d'une personne ou d'un groupe humain et, deuxièmement, l'inégalité dans les types de voiries attribuées respectivement aux femmes et aux hommes (peu de grands axes portent des noms de femmes) et de personnages honorés (moins de personnalités individuelles que de figures souveraines ou religieuses). En outre, l'enquête qualitative a révélé les résistances de l'ordre masculin à la féminisation de l'odonymie bruxelloise mais également les diverses stratégies politiques d'élu·e·s locales déployées pour accroître la visibilité des femmes dans la matérialité de l'espace public.

L'analyse a également montré que l'attribution d'un nom de rue ne relève ni d'une simple opération technique ni d'une pratique neutre dénuée d'enjeux matériels et symboliques ; comme pour un territoire, nommer ou renommer un lieu peut constituer « un acte politique fondateur » (Giraut *et al.*, 2008 ; Bourillon, 2012). Nommer les artères d'un espace urbain revient à donner sens aux lieux, et tout autant à faire exister symboliquement un être. Cette odonymie dévoile, en mode mineur, à la fois le poids de l'histoire et les points de vue sur l'histoire des groupes sociaux dominants (hommes, propriétaires, blancs) qui ont lourdement pesé sur la mise à l'honneur des personnages dans l'espace public bruxellois. Sniter (2004) nous rappelle utilement que la toponymie urbaine perpétue la tradition sociopolitique du culte des « grands hommes » entendue comme la reconnaissance symbolique qu'accorde la nation à ses membres censément les plus illustres ; cette posture se traduit concrètement par la marginalisation des femmes dans le récit historique hégémonique inscrit dans la matérialité de la cité. Les classes populaires sont également confrontées à la difficulté d'inscrire leurs mémoires dans la spatialité et la matérialité des lieux (Veschambre, 2014) et s'engagent aussi dans des luttes mémorielles en vue de résister à l'effacement de leur histoire (Zanetti, 2018). De même, l'enquête de Jacobs (2018) s'est penchée sur l'inventaire des acteur·e·s de la colonisation belge dans la toponymie viaire à Bruxelles et souligne l'absence des femmes et des hommes africain·e·s. L'odonymie urbaine constitue donc indubitablement un terrain où s'exprime la domination résultant de l'intrication des rapports de sexe, de genre, de classe et de race.

Comment, dès lors, consacrer l'égalité des sexes dans l'odonymie des espaces urbains ? Le changement radical des toponymies (incluant les odonymes) tel qu'opéré par la volonté d'un pouvoir autoritaire ou d'un peuple pour assoir sa légitimité aux lendemains des révolutions, des conquêtes coloniales ou des décolonisations (Houssay-Holzschuch, 2008) ne sied pas à la stratégie résolument démocratique que déploient les féministes dans la ville.

L'enquête menée sur le terrain bruxellois a montré que l'intersectionnalité est pensée et mise en œuvre par des militant·e·s associatives et certain·e·s élu·e·s qui tentent de rendre justice à la mémoire des femmes. Même si ces élu·e·s peinent à rattraper le retard accumulé au cours du temps et à braver les résistances masculines tenaces dans la sphère politique, elles ont montré leur pugnacité et leur inventivité en explorant divers pistes et instruments pour augmenter la visibilité des femmes dans leur diversité dans l'espace urbain. Les options qu'elles proposent consistent notamment dans l'attribution de noms féminins aux bâtiments publics, dans le *gender budgeting* qui objective les inégalités matérielles dans l'accès aux politiques publiques locales (sociales et culturelles) ou dans l'option du quota instituant des obligations de genre dans l'attribution des odonymes. Cette dernière option fait l'objet d'âpres négociations à Bruxelles, même si sa faisabilité a été éprouvée à la mairie de Paris qui a décidé en 2014 d'attribuer des noms de rues à parité entre femmes et hommes et est passée à 61 % de noms de femmes en 2015.

Les études menées par les sciences sociales, telle que celle présentée ici, entendent apporter à ces luttes leur soutien par un travail complémentaire d'objectivation et de compréhension des processus structurant la fabrication de la ville, dont l'odonymie fait partie intégrante. Un important chantier s'ouvre pour le futur : celui d'une comparaison des villes à une échelle internationale, susceptible d'identifier les spécificités locales et les convergences générales en cette matière.

BIBLIOGRAPHIE

BADARIOTTI Dominique, 2002, « Les noms de rue en géographie. Plaidoyer pour une recherche sur les odonymes », *Annales de Géographie*, vol. 111, n° 625, p. 285-302.

BLANCHARD Sophie, HANCOCK Claire, 2017, « Enjeux de genre et politiques urbaines : les enseignements d'une recherche à Aubervilliers », *Géocarrefour*, vol. 91, n° 1. http://geocarrefour.revues.org/10054

BOUVIER Jean-Claude, GUILLON Jean-Marie (dir.), 2001, *La toponymie urbaine. Significations et enjeux*, Paris, L'Harmattan, 256 p.

BOUVIER Jean-Claude, 2007, *Les noms de rues disent la ville,* Paris, Christine Bonneton Éditeur, 224 p.

BOURILLON Florence (éd.), 2012, *Changer les noms des rues de Paris. La Commission Merruau – 1862*, Rennes/Paris, Presses universitaires de Rennes, 348 p.

BUSQUET Grégory, LÉVY-VROELANT Claire, ROZENHOLC Caroline, 2014, « Introduction », *Articulo-Journal of Urban Research,* n° 5. http://journals.openedition.org/articulo/2490

CHEVALIER Dominique, HERTZOG Anne (dir.), 2018, « Spatialités des mémoires », *Géographie et cultures*, n° 105.

CLERVAL Anne, LE RENARD Amélie, 2015, « Genre, espace et imbrication des rapports de domination : introduction », in Anne Clerval, Antoine Fleury, Julien Rebotier, Serge Weber, *Espace et rapports de domination*, Rennes, Presses universitaires de Rennes, p. 213-216.

COLLECTIF, 2000, *Genre et politique. Débats et perspectives*, Paris, Folio essais, partie 3, p. 345-513.

COMARD-RENTZ Marie, 2006, *Dénomination et changement de nom de rue : enjeu politique, enjeux de mémoire*, mémoire de Master, Université Lyon 2, 83 p.

COUTRAS Jacqueline, 1996, *Crise urbaine et espace sexué*, Paris, Armand Colin, 155 p.

COUTRAS Jacqueline, 2003, *Les peurs urbaines et l'autre sexe*, Paris, L'Harmattan, 242 p.

DEJEMEPPE Pierre, 2017, *Saint-Gilles : les histoires des rues*, Bruxelles, Ed. Commune de St Gilles, 174 p.

DIRENBERGER Lucia, SCHMOLL Camille, 2014, « Ce que le genre fait à l'espace... Et inversement », *Les Cahiers du CEDREF*, n° 21, p. 1-11.

FRAISSE Geneviève, 2000, *Les deux gouvernements : la famille et la cité*, Paris, Ed. Gallimard, 219 p.

GIRAUT Frédéric, HOUSSAY-HOLZSCHUCH Myriam, GUYOT Sylvain, 2008, « Au nom des territoires ! Enjeux géographiques de la toponymie », *L'espace géographique*, vol. 2, n° 37, p. 97-105.

GOOSSE André, 1981, « Rapport concernant la dénomination des voies publiques en région de langue française », *Bulletin de la Commission royale de toponymie & dialectologie* (Bruxelles), tome LV, p. 29-38.

GUBIN Éliane, 2006, « Bruxelles et les Bruxelloises au XIXe et XXe siècles. Croiser l'histoire des femmes et l'histoire des villes » in jaumain Serge, linteau Paul-André, *Vivre en ville. Bruxelles et Montréal aux XIXe et XXe siècles*, Bruxelles, Peter Lang, p. 99-111.

HANCOCK Claire, 2004, « L'idéologie du territoire en géographie : incursions féminines dans une discipline masculiniste », in Christine Bard (dir.), *Le genre des territoires. Féminin, masculin, neutre*, Angers, Presses de l'Université d'Angers, p. 165-174.

HOUSSAY-HOLZSCHUCH Myriam, 2008, « *Nomen est omen*. Lectures des changements toponymiques », *L'espace géographique*, vol. 2, n° 37, p. 153-159.

INSTITUT POUR L'ÉGALITÉ DES FEMMES ET DES HOMMES (IEFH), 2018, *La représentation politique des femmes à l'issue des élections communales et provinciales du 14 octobre 2018*.

JACOBS Thibault, 2018, « Empreintes du Congo belge dans l'espace public bruxellois », *Bruxelles en mouvement*, n° 297, p. 13-16.

MOSCONI Nicole, PAOLETTI Marion, RAIBAUD Yves, 2015, « Le genre, la ville », *Travail, genre et sociétés*, vol. 1, n° 33, p. 23-28.

PERROT Michelle, 1998, « Le genre de la ville » in Perrot Michelle, *Les femmes ou les silences de l'histoire,* Paris, Flammarion, p. 281-295.

PERROT Michelle, 2002 [1991], « Sortir », in Geneviève Fraisse, Michelle Perrot (dir.), *Histoire des femmes en Occident. Le XIXe siècle*, Paris, Perrin, p. 539-574.

RAIBAUD Yves, 2015, *La ville faite par et pour les hommes*, Paris, Belin, 78 p.

REY Martine, 2002, « Genre et lieux. Du neutre conceptuel à un nouvel ordre spatial urbain ? », *Espace, populations, sociétés*, n° 3, p. 347-359. https://www.persee.fr/doc/espos_0755-7809_2002_num_20_3_2044

RICHARD Éliane, 2001, « Femmes dans la rue ou les « trous de mémoire » de la ville, l'exemple marseillais », in Jean-Claude Bouvier, Jean-Marie Guillon, (dir.) *La toponymie urbaine. Significations et enjeux*, Paris, L'Harmattan, p. 103-110.

SNITER Christel, 2004, « Pour une géographie sexuée à Paris. Étude des statues de femmes célèbres (de 1870 à nos jours) », in Christine Bard (dir.), *Le genre des territoires. Féminin, masculin, neutre*, Angers, Presses de l'Université d'Angers, p. 253-263.

STEFFENS Sven, 2007, « La toponymie populaire urbaine hier et aujourd'hui. Le cas de Molenbeek-Saint-Jean », *Brussels Studies*, collection générale, n° 9. http://journals.openedition.org/brussels/441

VESCHAMBRE Vincent, 2014, « Production et effacement des lieux de mémoires dans une commune-centre anciennement industrielle : le cas de Villeurbanne », *Articulo-Journal of Urban Research*, n° 5. https://journals.openedition.org/articulo/2451

WOELFLE Alexandra, 2019, « Loisirs dans l'espace public : quelle mixité des enfants ? », Bruxelles, *La Ligue des Familles*, Service Études et Action politique, 11 p.

ZANETTI Thomas, 2018, « Matérialité et spatialité d'une mémoire meurtrie », *Géographie et cultures*, n° 105, p. 31-50.

Structures éditoriales du groupe L'Harmattan

L'Harmattan Italie
Via degli Artisti, 15
10124 Torino
harmattan.italia@gmail.com

L'Harmattan Hongrie
Kossuth l. u. 14-16.
1053 Budapest
harmattan@harmattan.hu

L'Harmattan Sénégal
10 VDN en face Mermoz
BP 45034 Dakar-Fann
senharmattan@gmail.com

L'Harmattan Cameroun
TSINGA/FECAFOOT
BP 11486 Yaoundé
inkoukam@gmail.com

L'Harmattan Burkina Faso
Achille Somé – tengnule@hotmail.fr

L'Harmattan Guinée
Almamya, rue KA 028 OKB Agency
BP 3470 Conakry
harmattanguinee@yahoo.fr

L'Harmattan RDC
185, avenue Nyangwe
Commune de Lingwala – Kinshasa
matangilamusadila@yahoo.fr

L'Harmattan Congo
67, boulevard Denis-Sassou-N'Guesso
BP 2874 Brazzaville
harmattan.congo@yahoo.fr

L'Harmattan Mali
ACI 2000 - Immeuble Mgr Jean Marie Cisse
Bureau 10
BP 145 Bamako-Mali
mali@harmattan.fr

L'Harmattan Togo
Djidjole – Lomé
Maison Amela
face EPP BATOME
ddamela@aol.com

L'Harmattan Côte d'Ivoire
Résidence Karl – Cité des Arts
Abidjan-Cocody
03 BP 1588 Abidjan
espace_harmattan.ci@hotmail.fr

Nos librairies en France

Librairie internationale
16, rue des Écoles
75005 Paris
librairie.internationale@harmattan.fr
01 40 46 79 11
www.librairieharmattan.com

Librairie des savoirs
21, rue des Écoles
75005 Paris
librairie.sh@harmattan.fr
01 46 34 13 71
www.librairieharmattansh.com

Librairie Le Lucernaire
53, rue Notre-Dame-des-Champs
75006 Paris
librairie@lucernaire.fr
01 42 22 67 13

www.ingramcontent.com/pod-product-compliance
Lightning Source LLC
LaVergne TN
LVHW010937051026
849532LV00003B/1024